두뇌는 최강의 실험실

학문의 상식을 뒤흔든 사고실험

두뇌는
최강의
실험실

신바 유타카 지음 | 홍주영 옮김

끄Clema
클레마

사고실험이란 무엇인가?

'사고실험'이란 무엇일까? 실험이라고 하면 거창한 장치나 복잡한 방정식이 떠오르고 실험을 하려면 계산력도 뛰어나야 할 것 같다. 그러나 사고실험은 우리가 흔히 생각하는 실험과는 다르다. 사고실험은 다양한 분야에서 이론을 세우고 가설을 검증하기 위한 수단으로서 행해지는, 말 그대로 머릿속 추론만으로 현실의 실험을 대신하는 방법이다. 그렇기에 특별한 장치나 전문지식이 필요 없다. 그래서 사고실험은 누구나 쉽게 할 수 있고 그 종류와 방법도 매우 다양하다.

사고실험은 19세기 말 물리학자이자 철학자인 에른스트 마흐가 그 중요성을 지적한 바 있지만 그보다 훨씬 오래 전부터 수많은 사상가와 학자들이 자연스럽게 다루어온 수단이다. 예를 들어 '갈릴레이의 연결된 물체 낙하 실험', '뉴턴의 양동이 실험', '데카르트의 꿈의 논증', '아인슈타인의 낙하하는 엘리베이터 실험' 등이 있다. 누구나 잘 알고 있는 천재들이 사고실험을 통해서 때로는 상대의 주장을 물리치고 때로는 혁신적인 이론의 바탕을 이끌어냈다. 그들은 다른 누군가를 따라 한 것도 아니고 낭시 유행이기에 사고실험을 한 것은 더더욱 아니다.

사고실험이라는 방법이 관심을 끌기 시작한 것은 20세기 중엽부터이다. 과학사가 학문으로 자리매김하면서 과거에 진행된 사고실험들의 의의와 논리, 그리고 사고실험을 통해 펼쳐진 주장의 설득력 등이 재조명되었고 사고실험이라는 용어가 대중에게도 널리 쓰이게 되었다. 사고실험은 원래 물리학이나 철학에서 이론을 세우거나 예측할 때 주로 활용되었지만 그렇다고 해서 꼭 물리학이나 철학에만 국한된 것은 아니다. 윤리학, 심리학, 경제학, 인공지능, 심리철학, 진화론, 계산과학 등 다양한 분야에서 행해진다.

그러면 왜 사고실험을 하는 것일까?

사고실험의 필요성 – 왜 실제로 하지 않나?

먼저 실제로 실험하지 않는 이유를 살펴보자. 각 이유에 해당하는 예로 본문에 소개된 사고실험을 들어둔다.

❶ 실제 실험하기가 기술적으로 어려워서
물리학의 사고실험은 대개 이런 이유에서 행해진다. 양자역학의 기초에 관한 사고실험은 미시세계의 상황을 다루므로 정밀한 측정이 필요하고 노이즈를 극한으로 줄여야 하는 등 조건을 충족시키기가 현실적으로 불가능하다. 그래서 '만약 기술이 고도로 진화해서 이러한 제어나 측정이 가능해진다면'이라는 가정하에 어떤 결과가 나올지를 사고실험을 통해서 살펴보는 것이다.

이런 이유에서 행해지는 사고실험은 기술이 발전하면 실제로 할 수 있게 되는 경우가 종종 있다. 양자역학의 기초 개념에 관한 사고실험은 20세기 후반 무렵부터 잇따라 실제 실험이 진행되고 있다. 중력장 안에서의 시간 지연이나 불확정성 한계 부근에서 정량적 측정, 혹은 양자역학적 비국소성 검증 등이 이런 예이다.

본문에서 소개하는 하이젠베르크의 감마선 현미경, EPR 역설, 벨 부등식, 맥스웰의 악마, 광속도 역설 등도 당시 실제로 실험하기 어렵다는 이유에서 사고실험이 이루어졌다.

❷ 실제 실험이 가능하고 이미 증명되었지만 수긍하지 않는 상대를 설득하기 위해서

예컨대 갈릴레오 갈릴레이의 '연결된 물체 낙하' 사고실험은 물체의 낙하속도와 낙하하는 물체의 무게가 서로 관련이 없음을 증명하기 위해 이루어졌다. 갈릴레이는 무거운 물체와 가벼운 물체가 같은 속도로 낙하한다는 것을 입증하는 증거를 제시했다. 하지만

사람들은 오차 범위 등의 조건이 달라서 있을 수 있는 예외적인 사례에 불과하다면서 받아들이지 않았다. 이에 갈릴레이는 실제 실험한 증거를 내놓는 대신 사고실험을 통해 상대로 하여금 오류를 인정하지 않을 수 없게 만들었다.

갈릴레이는 상대가 사고실험의 규칙을 납득하고 직접 사고실험에 참가하도록 만들었다. 이렇게 하면 상대가 스스로 실험에 참가해서 얻어낸 결과인 만큼 받아들이지 않을 수 없게 된다. 갈릴레이는 상황극의 대화 형식을 통해 무거운 물체와 가벼운 물체의 낙하속도가 같다는 사고실험을 절묘하게 이끌어냈다. 이는 사고실험 결과의 설득력을 최대한으로 끌어올리기 위한 방식이다.

❸ 원리적으로 실제 실험이 불가능해서

우주 전체를 회전시키는 것은 아무리 기술이 발전해도 불가능하다. 또 어떤 행위를 무한 반복하는 것도 인간의 능력으로는 할 수 없다.

'마흐의 양동이', '제논 역설' 같은 사고실험이 여기에 해당한다.

❹ 실제 실험을 할 수는 있으나 윤리적으로 허용되지 않아서

'전차의 딜레마', '장기 제비뽑기', '메리의 방', '슈뢰딩거의 고양이' 같은 사고실험은 누구를 죽이느냐 하는 궁극의 선택이 요구되고 비인도적인 행위를 저질러야만 결론이 나는 상황을 고찰한다. 이를 실행하면 큰 문제가 되기에 사고실험으로 대신하는 것이다. 다만 '슈뢰딩거의 고양이'는 실제로 해보겠다고 마음먹으면 할 수는 있기 때문에 ②에 해당한다고 볼 수도 있다.

❺ 어떤 개념에 대한 견해를 명확하게 드러내기 위해서

'어떠어떠해야 한다'는 윤리 규범에 꼭 정답이 있는 것은 아니다. 사회의 가치 기준에 따라 선악이 뒤바뀌기도 한다. 신의 명령을 들이대지 않는 한 어느 쪽이 선이라고 단정할 수 없는 경우도 많이 있기 때문이다.

이런 주제를 논의할 때에는 우리가 현실에서 선택하는 행동의 의미를 곰곰이 따져볼 필요가 있다. 그리고 서로 모순된 선택을 하도록 유도하는 행동원리나 윤리적 판단 기준이 숨어 있는 경우에는 선악의 차원이 아니라 일관성이 있는지 여부를 검토하는 것이 중요하다. 또 어떤 행동 원리 아래서 일관된 선택을 한다고 해도 기묘한 판단이 될 만한 사례가 발견된다면 그때 취한 행동 원리 자체에도 문제가 있음이 명확하게 드러나게 된다.

윤리 문제 외에 '확률에 대한 관점', '논증할 때 버릇' 같은 문제를 다루는 사고실험도 이 유형에 속한다.

'전차의 딜레마', '장기 제비뽑기', '전송기 문제', '세 명의 죄수 문제', '우주의 미세 조정', '잠자는 미녀 문제', '뉴컴 문제', '죄수의 딜레마', '카드 선택 문제', '헴펠의 실내조류학' 등이 그 예이다.

❻ 이론을 구축하기 위한 지도 원리를 찾아내기 위해서

이론을 구축해가는 과정을 생각해보자. 먼저 어떤 가설하에 이론을 세운다. 이를 검증하기 위해 세부적인 계산과 긴 추론을 되풀이한 다음 결론을 이끌어낸다. 그리고 그 결과와 현실에서 관찰되는 현상을 비교한다. 그 결과가 서로 다르면 이론을 수정한 뒤 계산하는 과정을 계속 반복한다……. 이런 방식으로는 기초적인 이론을 세우기가 무척 어렵다.

그래서 세부적인 사항은 일단 접어두고, 골자만 추려 구상한 것을 토대로 대충 어느 방향으로 나갈지를 검토해야 하는 경우가 있다. 눈앞의 현실과 딱 들어맞지 않아도 대략적으로 부합한다면 구상이 타당하다고 보고 세부적인 이론을 세우는 단계로 넘어가서 그 이론에 입각해서 구체적으로 계산해보는 것이다. 이 과정에서 중요한 과정인 '대략적으로 부합하는가'를 머릿속으로 해보는 것이 이 유형의 사고실험이다.

'뉴턴의 양동이', '낙하하는 엘리베이터', '광속도 역설', '하이젠베르크의 감마선현미경'을 비롯해 물리학 분야의 사고실험은 대개 이 유형에 속한다.

❼ 모순되는 이상한 상황을 만들어 보여준다

'EPR 역설'은 양자역학을 납득하지 않은 아인슈타인이 물리이론의 본연의 모습과 모순되는 상황을 사고실험으로 제시한 것이다. 이 유형의 사고실험은 대립하는 이론 사이에서 상대를 곤란하게 만드는 수단으로 자주 활용된다. '튜링 테스트', '중국어 방', '메리의 방'에도 이런 측면이 있다.

사고실험의 특징 ─ 단순하고 극단적인 것이 좋다

서두에서 언급했듯이 사고실험은 쉽게 와 닿아야 한다. 그 분야의 전문가라야 알 수 있을 정도로 어려우면 안 된다. 내용이 단순 명쾌할수록 위력을 발휘하므로 사고실험을 실행할 때는 다음 사항을 염두에 두어야 한다.

❶ 설정은 단순하게 한다. 어려운 추론이나 계산은 생략한다

앞에서 설명했듯이 사고실험에서는 고찰하려는 현상을 낱낱이 재현해서 설정하지 않는다. 부수적인 요소는 가급적 배제하고 본질만을 살펴본다. 난해한 논쟁을 벌이거나 세부적인 계산을 하지 않아도 본질은 충분히 파악할 수 있으며, 만약 그렇지 않다면 그것은 본질이라고 할 수 없다.

❷ 극한 상황을 설정한다

엘리자베스 1세 시대의 법률가이자 철학자인 프란시스 베이컨에 따르면 과학은 자연을 '고문'해서 자연이 지닌 법칙과 본질을 캐내는 행위이다. '고문'이란 자연 상태에는 없을 것 같은 극단적인 조건을 인위적으로 만들어 실험하고 반응을 관찰한다는 뜻이다. 그렇게 하면 대상의 본질이 드러나게 된다.

예컨대 자성체를 연구할 때는 우리 주변에 존재하지 않는 초고자장(超高磁場) 아래서 실험하여 여러 가지 현상을 측정함으로써 보통 상황일 때의 자성을 포함한 자기반응의 메커니즘을 탐구한다. 자연과학 실험만이 극한 상황을 설정하는 것은 아니다. 윤리학이나 철학의 사고실험도 마찬가지이다. 사고실험이기에 어떤 극한 상황도 원하는 대로 설정할 수 있다.

우주만 한 크기의 거대한 양동이, 초정밀도로 측정해서 그 값을 근거로 미래의 움직임을 계산할 수 있는 악마, 태어나서 한 번도 색채를 보지 않고 자란 사람 등을 설정할 수 있다. 특히 어떤 변수 값이 무한히 커진다는 식의 설정이 흔히 사용된다.

'통 속의 뇌 실험'은 우리가 가진 세계에 관한 지식이 의심스럽지 않은지를 생각해보는 실험이다. 이 사고실험에서는 뭐 그렇게까지 의심하느냐고 따지고 싶어질 정도의 상황을 만들어 그것을 해결한 다음에는 훨씬 더 극단적인 상황을 설정하는 식으로 의심을 점차 확대해나간다.

실제로 완벽한 조건이란 있을 수 없으니 그토록 극단적인 설정은 현실 상황과 너무나 거리가 멀지 않을까 하는 걱정 따위는 일단 잊어버리고 본질을 탐구하는 것이다.

❸ 조건이나 설정을 얼마든지 바꿀 수 있다

'전차의 딜레마'와 '장기 제비뽑기'에서는 여러 가지 설정을 제시하고 그 설정에 따라 응답자의 행동이 어떻게 달라지는지 관찰한다. 그리고 그것을 분석하여 개인의 윤리 기준이 무엇인지를 판별한다.

이 실험들은 어떤 설정이든 자유자재로 바꿀 수 있는 사고실험의 성질을 잘 이용하는 사례이다. 그중에서도 특히 이 특징을 효과적으로 활용한 사고실험이 있다. 인격 동일성의 기준을 다루는 '전송기 문제', 지성이 있다는 것은 무엇이며 의미를 이해한다는 것은 무엇인가 하는 기준을 묻는 '튜링 테스트'와 '중국어 방' 등이 그런 예이다.

사고실험의 요소 – 무대, 사람, 그리고 규칙

이제 사고실험의 특징에 대해서는 어느 정도 이해했을 것이다. 그럼 사고실험을 어떻게 실행하는지 알아보자.

우선 상상 속의 무대를 설정하고 거기에 사람들을 등장시킨다. 무대의 조건, 사람들 사이의 관계, 그들은 어떻게 행동하고 반응하는지 등을 설정한다. 검증하고자 하는 이론에 따라 게임의 규칙을 정하고 나면 게임을 시작한다. 그리고 사람들이 어떻게 행동하는가를 머릿속으로 관찰한다. 게임의 규칙은 사고실험을 통해서 증명하고 싶은 법칙일 수도 있고 반대로 반박하고 싶은 주장일 수도 있다.

양자역학의 기초 개념을 둘러싼, 물리학 역사상 가장 유명한 논쟁 중 하나인 '아인슈타인-보어 논쟁'은 한 치의 양보도 없는 격렬한 대결이었다. 이 논쟁은 현장 물리학의 발전 속에 흐지부지 사라지는 듯했으나 20세기 말에 들어와서 첨단기술에 있어 기본적으로 중요한 문제를 내포하고 있음이 밝혀지게 되었다.

시뮬레이션과 다른 점 – 이론 자체를 따져라!

끝으로 하나만 덧붙이자면, 실제 실험하지 않고 실험을 대체하는 방법인 시뮬레이션이 있는데 이는 사고실험과는 전혀 다르다.

시뮬레이션은 계산기 실험이라고도 하며 컴퓨터가 대신 실험하는 것을 지칭한다. 실제 실험을 하지 않는다는 점에서는 사고실험과 비슷하다.

원래 시뮬레이션이라고 하면 주로 축소한 모형을 만들어 진행하는 실험을 가리켰다. 주지하다시피 오늘날에는 주로 다양한 경제지표 조건을 토대로 경제학설에 따라 경제 상태를 계산한다든지 지구온난화나 해수면 상승을 슈퍼컴퓨터로 예측하는 데 활용되고 있다. 또 태풍의 진로를 예측하거나 비행기를 설계할 때 유체역학 법칙에 따라 날개 주위의 공기 흐름을 계산해서 양력을 도출하거나 혹은 전기공학에서 전자파의 전파 상태를 계산하기도 한다.

시뮬레이션은 물질의 성질을 연구할 때도 활용된다. 전자공학적 장치를 설계할 때 물리학의 기초원리에 따라 계산해서 설계하기가 어려운 경우에는 현상론적 접근 방식으로 몬테카를로 시뮬레이션(난수를 써서 확률적으로 예측하는 것)을 해서 전자운동을 찾아내기도 한다.

이와 반대로 화학에서는 물리학의 기초법칙을 토대로 컴퓨터에 맡겨 처음부터 끝까지 컴퓨터가 계산하게 한 다음 물질의 성질을 예측하기도 한다.

시뮬레이션과 사고실험은 실제 실험하는 것이 곤란하기에 그것을 대신한다는 점에서는 같다. 그러나 실험을 대신하는 주체가 컴퓨터냐 사람의 머릿속이냐의 차이가 있다. 게다가 시뮬레이션은 완성된 이론에 입각해서 컴퓨터로 정밀하게 계산하고 현상을 예측한다. 반면 사고실험에서는 대략적인 추론만으로 이론이나 가설의 득실을 판정하므로 정밀한 계산은 하지 않는다. 이론을 음미하는 것이 목적이다.

*＊＊

이 책은 역사적으로 널리 알려진 다양한 분야의 사고실험들을 모아 소개한다. 주제별로 분류되어 있지만 특별히 순서가 정해진 것은 아니므로 관심이 가는 것부터 편안한 마음으로 읽으면 된다.

차례

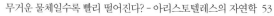

사고실험의 기본적인 방법은 현물실험과 마찬가지로 변화법이다. 여러 가지 요인을 계속 바꾸어보면 그 요인과 결부되는 표상의 타당한 범위가 넓어진다. 각각의 요인을 때로는 다르게 설정하고 때로는 특수하게 만들어봄으로써 표상을 변화시키고 특수화하여 그 표상을 더욱 확실한 것으로 만들어나간다.

– 에른스트 마흐

〈사고실험에 관하여〉(1897), 《인식과 오류》(1905)에 수록

1

머릿속이라서
가능하다!

이것이 바로 진정한 사고실험

한 명을 살리느냐
다섯 명을 살리느냐?

죽느냐 죽이느냐 하는 궁극의 선택

1884년에 영국 선박인 미뇨넷호가 오스트레일리아로 향하던 도중 희망봉 앞 공해상에서 난파되었다. 네 명의 승무원이 구명보트에 몸을 싣고 표류한 지 18일째 되던 날 결국 식료품이 바닥을 드러내고 말았다. 누군가 '제비뽑기'를 해서 한 명의 희생자를 뽑아 그 인육을 먹자고 제안했지만 바로 취소되었다. 그러나 이틀 후 가족도 없고 쇠약해질 대로 쇠약해진 소년이 다른 승무원의 손에 죽임을 당하게 되고 나머지 세 명은 그 인육을 먹고 연명했다. 표류한지 24일째 되던 날 마침내 그들은 구조되었고 귀국 후 곧바로 재판에 부쳐졌다. 인육을 먹지 않았다면 나머지 세 명도 모두 죽었을 것이라는 둥 소년은 이미 살아남을 수 없을 정도로 쇠약한 상태였다는 둥 논쟁이 거듭된 끝에 그들은 사형선고를 받았다. 하지만 나중에 가서는 빅토리아 여왕의 특별사면으로 금고 6개월에 처해졌다. 이것이 바로 '미뇨넷호 사건'이라는 실화이다.

이런 종류의 식인 사건은 20세기에도 종종 발생했다. 1972년 우루과이 공군기가 안데스산에서 조난당한 사건은 브라질 영화인 〈안데스의 성찬〉을 시작으로 여러 차례 영화화되기도 했다.

이런 상황은 이미 오래전부터 논쟁의 대상이 되곤 했다. 고대 그리스 철학자인 카르네아디스(BC214~BC129)가 제기한 '카르네아디스의 널빤지' 문제도 같은 사례이다. 난파선에서 탈출하여 나뭇조각에 매달린 채 표류하고 있던 사람이 역시 그 나뭇조각을 붙잡으려고 다가온 다른 사람을 떨쳐냈지만 재판에서 풀려났다는 이야기이다. 나뭇조각에 두 명이 매달리면 두 명 다 죽게 될 상황이었던 것이다.

이 문제는 사고실험으로도 다루어졌다. 미국의 정치철학자 마이클 샌델(1953~)의 강의가 텔레비전에 방영되면서 유명해진 '전차의 딜레마'가 바로 그것이다.

'전차의 딜레마' 사고실험

　이는 샌델의 강의(《정의란 무엇인가》, 2010)에서 '노면전차의 딜레마'
로 널리 알려지게 되었지만 원래 영국의 여성 윤리학자인 필립퍼
풋(1920~2010)이 1967년에 제기한 사고실험이다.

사고실험 Thought Experiment

　당신은 철도 분기점을 전환하는 일을 맡고 있다. 전차가 맹렬한
속도로 폭주해오고 있지만 멈출 수 없는 상황이다. 그런데 철길
앞쪽을 보니 다섯 명의 작업원이 있지 않은가. 그대로 두면 다
섯 명 모두 죽고 만다. 길목을 조종해서 다른 선로로 전차 방향
을 바꾸면 다섯 명을 살릴 수 있다는 사실을 당신은 알게 된다.
그러나 그쪽에는 운 나쁘게도(!) 한 명의 작업원이 있다.
　당신은 다섯 명의 목숨과 한 명의 목숨을 견주어서 다섯 명을
살리기 위해 길목을 조종할 것인가, 아니면 이대로 둘 것인가?

　대다수의 사람들이 다른 선로로 전차를 유도해서 한 명의 목숨
을 희생시키는 쪽을 선택하겠다고 대답하지 않을까?
　'인간의 쾌락이나 행복은 계량할 수 있으며 타인의 쾌락이나 행

복과 비교·환산할 수 있다. 그리고 사회 전체의 행복의 총계가 최대가 되도록 선택해야 한다'고 주장하는 것이 영국의 법철학자 제러미 벤담(1748~1832)에서 시작된 공리주의이다. 공리주의는 이른바 '최대다수의 최대행복'을 지향한다.

'전차의 딜레마'에서 각 작업원의 죽음으로 인해 작업원 자신과 가족, 나아가서는 사회 전체의 행복도가 떨어지는 데 특별한 차이가 인정되지 않는다면 단순히 1 대 5라는 목숨의 비중이 문제가 될 뿐이므로 길목을 조종해서 다른 선로에 있는 한 명을 희생시켜야 할 것이다.

하지만 죽지 않았어야 할 한 사람을 죽게 하는 문제를 당신은 어떻게 생각하는가? 방치하면 전차는 그대로 본선으로 들어간다. 본선에 있던 다섯 명의 작업원은 원래 죽을 운명이었다. 그것을 인위적으로 바꾸어서 죽지 않을 사람의 운명을 바꾼다는, 심리적으로 커다란 저항의 산을 넘지 않으면 안 된다. 당신은 그 운명을 바꿀 힘을 갖고 있지만 한 사람의 목숨을 빼앗게 된다. 아무리 공리주의에 입각해서 판단한다 하더라도 이를 실제로 행사하여 길목을 조종한다는 것은 두려운 일이다.

'전차의 딜레마'의 변형

이제 실험의 설정을 조금 바꾸어보자.

> 전차가 폭주해왔다. 앞쪽에는 작업원 다섯 명이 있고 이대로 두
> 면 모두 죽는다. 이번에는 다른 선로는 없다. 그리고 당신은 선
> 로를 가로지르는 육교 위에 있다. 당신 옆에는 선로를 내려다보
> 고 있는 덩치 큰 남자가 있다. 그 남자를 선로 위로 떨어뜨리면
> 전차는 정지한다. 자, 당신은 그 남자를 떨어뜨릴 것인가?
> 단, 당신이 직접 선로에 뛰어내린다고 해도 당신은 몸집이 작아
> 서 전차를 멈추지 못한다는 사실을 알고 있다. 한 명을 떨어뜨
> 려서라도 다섯 명을 살려야 할까?

이 설정에서 당신은 일부러 관여하지 않는 한 당사자가 아니라
방관자이다. 덩치 큰 남자도 사고와 무관한 방관자이다. 샌델을 비
롯해 이 문제를 제기한 논자(論者)는 행복 계산에서 목숨의 비율이
그대로 1 대 5라 하더라도 사람들은 남자를 떨어뜨리는 것은 나쁘
다고 생각할 것이라고 이야기한다. 샌델의 강의를 들은 학생들도

그렇게 대답한 듯하다.

이 사고실험의 설정은 죽지 않아도 될 사람을 다리 위에서 떨어뜨리는, 아무리 다수를 구하기 위해서라고 하더라도 일부러 행위를 일으켜서 사람을 죽이는 것이다. 공리주의가 지향하는 대로 결과적으로 '최대다수의 최대행복'을 얻는다는 점에서는 원래의 사고실험과 같은데도 왜 의견이 달라질까? 그것은 죽임을 당하는 쪽의 행복 여부에 차이가 있어서가 아니라 선택하는 처지에 놓인 인간의 감정에 차이가 있기 때문이다.

자신이 행동하지 않기 때문에 사람이 죽게 되는 것과 어떤 이유에서든 능동적으로 사람을 죽이는 일에 관여하는 것은 큰 차이가 있다. 사태가 흘러가도록 방치해서 죽을 운명인 다섯 명이 죽는다면, 이는 어쩔 수 없는 일이다. 한편 자신이 하지 않아도 되는 행위를 함으로써 한 사람을 죽게 한다면 명분이 무엇이든 반감을 갖게 된다.

처음에 설명한 '전차의 딜레마'에서도 본선 위에 있는 다섯 명을 죽게 하는 것은 소극적인 살인이지만 다른 선로에 있는 한 명을 죽이는 것은 적극적인 살인이라고 할 수 있다.

무엇이 정의인가

풋은 논점을 선명하게 하기 위해 다음과 같은 실험을 생각했다.

마을 사람들이 한 이방인을 단죄하겠다고 야단이다. 당신은 표적이 된 이방인을 숨겨주고 있고 그 이방인에게는 죄가 없다는 사실도 알고 있다. 그러나 마을 사람들은 도무지 당신의 의견을 들으려고 하지 않는다. 당신이 그를 마을 사람들에게 넘겨주면 분명 그는 죽임을 당한다. 하지만 계속 그를 숨겨주면 다섯 명의 마을 사람들이 혼란 속에서 죽고 만다. 당신은 그를 넘겨줄 것인가?

대부분의 사람들이 죄가 없는 사람, 무관한 사람을 희생자로 삼는 것은 옳지 않다고 믿을 것이다.

18세기 대철학자 임마누엘 칸트(1724~1804)에 따르면 '무엇 무엇을 위해서 이러이러한 것을 해야 한다'는 것은 가언명법, 무조건 '이러이러한 것을 해야 한다'는 것은 정언명법이라고 한다. 이 사고 실험에서 '죄 없는 사람을 그들에게 넘겨 죽게 놔둘 수 없다'는 것은 정언명법에 해당한다. 다리 위에서 남자를 떨어뜨리는 '전차의 딜레마'에서도 어떤 이유가 있는지는 모르나 그 사건과 무관한 사람을 끌어들여 죽게 하면 안 된다고 보는 것도 이에 해당한다.

결과적으로 더 많은 목숨을 잃게 되어 공리주의의 관점에서 보면 최선의 결과를 얻지 못한다 해도 죄 없는 사람을 적극적으로 죽음으로 내몰아서는 안 된다는 것이다. 즉 죄 없는 사람을 죽인다는 행위 자체에 대한 정의를 제기하는 것이다.

'장기 제비뽑기' 사고실험

미뇨넷호 사건에서 처음에는 제비뽑기로 희생자를 뽑으려고 했다. 제비뽑기라는 '공평한' 절차를 밟으면 살인행위에 대한 거부감이 다소 적어질까? 이에 관해서 제비뽑기라는 논점을 내포한 '장기 제비뽑기'라는 사고실험을 살펴보자. 윤리학자 존 해리스가 내놓은 사고실험이다.

사고실험 Thought Experiment

어떤 사회에 좀 특이한 제도가 있다. 그것은 건전한 육체를 지닌 모든 사람들 중에서 제비뽑기로 한 명을 골라 그의 장기를 적출하여 불치병을 앓고 있는 다섯 명에게 각각 이식해서 다섯 명의 목숨을 살리는 것이다. 당신은 이 제도를 어떻게 생각하는가? 제비뽑기로 결정했다면 희생양이 되어도 이의를 제기할 수 없을까?

제비뽑기에서 뽑힌 사람을 죽이는 것은 적극적 살인이지만 장기 이식을 기다리는 환자가 죽어가게 놔두는 것은 소극적 살인이다.

다만 이렇게 희생자를 선택하는 과정이 공평한 제비뽑기이거나 민주적인 방식에 의한 결정이라면 희생양을 뽑는 일(적극적 살인)에 대한 거부감이 어느 정도 줄어들지 모른다. 그렇다 해도 이 '장기 제비뽑기' 제도가 제정되려고 하면 많은 사람들이 반대할 것이다. 하지만 희생자를 선발하는 과정을 훨씬 교묘하게 꾸미거나 큰 효과가 있다는 식으로 잘 포장한다면 어떻게 될까?

이 사고실험은 사회의 존재방식에 있어서 '최대다수의 최대행복'을 추구하는 공리주의적인 정책에 의문을 제기한다. 이 밖에도 세부적인 설정을 바꾼 사고실험을 통해서 사회적으로 예상되는 반응에 대한 고찰이 다양하게 이루어지고 있다.

당신은 무엇을 기준으로 판단하는가

'전차의 딜레마'를 변형한 사고실험들이 모두 대동소이해 보이지만 설정을 조금만 바꾸어도 판단하는 사람이 정반대의 반응을 나타내기도 한다. 그것은 어느 도덕 윤리에 대해 '어떤 가치 기준에 따라 판단할까' 혹은 '그 판단 기준은 일관성이 있는가' 따위를 선명하게 드러내는 역할을 한다.

이런 사고실험은 철학에만 국한되지 않고 행동경제학이나 진화윤리학, 진화심리학 같은 분야에서도 연구과제로 삼고 있다. 행동경제학에서는 예전부터 자주 거론되는 화제였지만 샌델의 강의에서는 철학 사고실험의 전형처럼 다루었다. 여하튼 그의 강의는 대중에게 관심을 불러일으킨 공적이 있다고 할 수 있다.

'야전병원에서 약의 분배'를 생각해보자

장기 제비뽑기의 또 다른 변형을 생각해보자. 재해나 전쟁이 일어났을 때 운영되는 야전병원에서 의약품과 의료 자원을 평소와 다른 판단 기준으로 분배하는 경우가 있을 수 있다. 환자가 여러 명 있는데 긴급 구명의 손길이 전원에게 미치지 못하는 상황에서는 환자를 선별적으로 구할 수밖에 없다. 이것을 '트리아지(부상자 선별)'라고 한다. 이럴 때는 모든 환자를 공평하게 대하거나 구할 수가 없다. 살릴 가능성이 있는 환자라고 해도 포기하고 우선순위가 높은 다른 사람에게 구명 자원을 돌리는 경우도 발생한다.

사고실험 Thought Experiment

환자 A와 다섯 명의 다른 환자들이 있다. 모두가 격렬한 고통에 시달리고 있다. 환자 A는 장관인데, 후방기지에서 A에게 처방할 진통제를 보내왔다. 진통제를 A에게 투여하면 그는 하루 종일 고통을 겪지 않을 수 있다. 그런데 같은 병실에 있는 다섯 명의 환자들은 환자 A와 체질이 달라서 환자 A에게 투여할 양의 1/5만으로도 하루를 견딜 수 있다고 한다.

당신은 의사이다. A의 약을 회수해서 다섯 명의 환자에게 투여할 텐가, 아니면 본부의 명령을 엄수할 텐가? 그것도 아니면 A의 약을 2/3 회수해서 A에게는 약간의 고통을 견디게 하고 다섯 명의 환자 중 두 명에게 선별적으로 투여할 것인가?

지금까지의 논의를 바탕으로 설정을 다양하게 바꾸어보면서 당신의 판단 기준이 무엇인지 생각해보자.

궁극의 선택을 강요해서 당신 자신도 미처 모르고 있던 본심을 드러내게 하는 사고실험. 이 장에서 다룬 사고실험은 공리주의적 판단을 표적으로 삼고 다음과 같은 물음을 제기한다.

인간의 행복과 불행의 정도를 수량으로 표시할 수 있을까? 만약 가능하다면 개인이 느끼는 불행의 정도를 서로 비교하거나 합산할 수 있을까? 사회의 행복이란 무엇일까? 그리고 상대의 행복에 대해 방관자로서 상황을 방치함으로써 소극적으로 영향을 미칠 것인가, 아니면 직접 개입해서 적극적으로 영향을 미칠 것인가?

상황이 조금만 달라져도 판단 기준이 뒤집힌다는 사실을 깨닫게 될 것이다. 나아가서 판단 기준의 일관성을 최우선으로 삼아야 하는가 하는 문제도 아울러 생각하게 될 것이다.

시간과 공간은 무한히 분할 가능한가?

피타고라스교단 vs 제논

비밀결사란 비밀단체를 일컫는 말로 서양이나 중국에서는 예부터 존재해왔다. 이들이 구체적으로 어떤 활동을 하는지는 공공연히 드러나지 않지만 여러 비밀결사가 종교와 정치 등 다방면에 관여하며 영향을 끼쳐왔다고 한다.

'피타고라스의 정리'와 '피타고라스 음계'로 유명한 수학자이자 철학자인 피타고라스(BC582~BC496)도 비밀결사를 만든 사람 중 하나로, 오늘날의 남부 이탈리아에 속하는 고대 그리스의 식민 도시

크로톤을 본거지로 삼았다. 그의 학설과 신조를 신봉하는 피타고라스교단은 혼(魂)을 정결히 하는 수단으로 음악을 중시하였으며 음악은 물론 우주에 관한 문제도 수의 조화에 의해 지배된다고 주장하는 수비술(數秘術)을 기조로 했다.

이 교단은 단숨에 부흥하여 세력을 넓혔으나 정치적 주장 때문에 세속 권력으로부터 불온세력으로 낙인찍혀 탄압을 받게 되었고 피타고라스가 살해된 후에는 지하로 숨어들었다. 당시의 상황을 파헤쳐갈수록 학자 피타고라스의 기이한 면모에 놀라게 되는데, 이를테면 피타고라스교단에는 누에콩을 먹으면 안 된다는 이상한 계율이 있었다. 누에콩과 피타고라스에 얽힌 이야기는 지금도 다양하게 해석되며 전해 내려오고 있다. 또 교단의 비밀을 외부에 발설한 사람은 대발로 말아서 바다에 던져 넣어 사형에 처했다는 광신적인 일면도 있었다.

피타고라스교단은 '세계는 불연속적인 '다(多)'로 이루어져 있다', '만물의 근원은 자연수다'라는 주장을 했는데 이에 이의를 제기한 것이 그리스 철학자 제논(BC490~BC430)이 속한 학파이다.

제논은 그가 속한 엘레아파(派)의 파르메니데스의 사상에 바탕을 두고 '진정으로 존재하는 것은 하나의 존재이다. 그 하나의 존재는 운동을 하지 않으며 생성과 소멸도 하지 않는다'고 주장했다. 파르메니데스는 '있는 것은 있고 없는 것은 없다'고 하면서 '무(無)'란 존재하지 않는다고 주장했다. 그의 논리는 이렇다. 있는 것이 없어지는 일도 없고 없는 것에서 있는 것이 생성되는 일도 없다. 그러니 운동이라는 것도 없다. 왜냐하면 운동을 하기 위해서는 원래의 위치에서 사라져서 무가 되고 다른 위치에서 무에서 유가 생성되어야 하기 때문이다.

'운동의 불가능성'을 논증하기 위해 제논은 다양한 역설을 생각해냈다. 그 대부분이 '배리법(背理法)'에 의한 것으로, 제논은 배리법의 발명자로 불리기도 한다. 배리법이란 자신이 주장하려는 바를 고의로 부정한 가정에서 출발하여 모순을 이끌어낸 다음 모순이 발생한 것은 가정이 잘못되었기 때문이라고 설명하는 논법이다. 제논의 역설 중에서 특히 네 개의 운동 역설이 유명한데 여기서는 가장 널리 알려진 '아킬레스와 거북'을 소개한다.

'아킬레스와 거북' 사고실험

'토끼와 거북' 이야기를 떠올려보자. 토끼가 거북에게 걸음이 느리다고 놀리자 거북은 달리기 시합을 제안한다. 토끼는 깡충깡충 달려나가 점차 사이를 벌리더니 마침내 거북의 모습이 보이지 않는 곳까지 앞서나간다. 이에 방심한 토끼는 도중에 쉬다가 잠이 들어버렸지만 느림보 거북은 토끼가 자는 동안에도 차근차근 걸어나간다. 토끼가 잠에서 깨어나 보게 된 것은 골인 지점에서 기뻐하는 거북의 모습이다.

제논의 사고실험은 이런 교훈적인 이야기와는 다르다. 토끼와 거북 대신 아킬레스와 거북이 경주를 벌이는데 양쪽 모두 게으름을 피우지 않고 일정한 속도로 나간다.

사고실험 Thought Experiment

발이 빠른 아킬레스와 느림보 거북이 경주한다. 거북은 핸디캡을 받아서 조금 앞에서 출발한다.

동시에 출발해서 아킬레스가 거북의 출발점에 도착했을 때에는 걸음이 느린 거북도 아주 조금이기는 하지만 앞서 달리고 있다. 다음에 아킬레스가 거북이 아주 조금 앞서가고 있던 지점에 이르면 이번에도 역시 거북은 아주 조금 더 앞서 달리고 있다. 이 반복은 무한히 계속되므로 아킬레스는 영원히 거북을 따라잡을 수 없다.

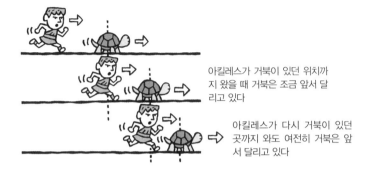

아킬레스가 거북이 있던 위치까지 왔을 때 거북은 조금 앞서 달리고 있다

아킬레스가 다시 거북이 있던 곳까지 와도 여전히 거북은 앞서 달리고 있다

아킬레스는 거북을 영원히 따라잡을 수 없는가?

'제논 역설'의 전제와 결론은 다음과 같다.

전제: 시간과 공간은 무한히 분할 가능하다.

　　→ 논리적 결론: 아킬레스는 거북을 따라잡을 수 없다.

이 논리적 결론은 타당하지 않고 현실에도 반한다. 현실에서는 아킬레스가 거북을 따라잡고 추월한다. 출발 당시 핸디캡과 속도의 차이를 알면 몇 초 후에 따라잡는지도 쉽게 계산할 수 있다.

셈을 간단히 하기 위해서 아킬레스와 거북의 속도를 각각 초속 2m와 초속 1m라고 하자. 거북은 아킬레스보다 1m 앞에서 출발하기로 한다. 그러면 다음 그래프와 같이 1초 후에 거북과 아킬레스는 같은 지점에 있게 된다. 즉 따라잡은 것이다.

'아킬레스와 거북'이 배리법이라면 전제가 오류이고 따라서 제논은 시간과 공간은 무한 분할할 수 없다고 주장하고자 했다는 이야기가 된다.

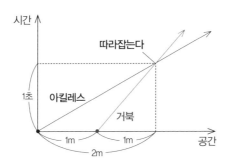

제논은 수학적으로 틀렸다?

제논 역설의 결론은 실제로 일어나는 현상과 다르다. 그러닌 세 논이 한 순서대로 사고실험을 해보고 논리적 추론에 여전히 숨어 있는 전제는 없는지 살펴보기로 하자. 어쩌면 제논은 시간과 공간의 무한 분할과는 다른 문제를 제기하고 싶었던 것인지도 모른다.

1647년 예수회의 그레고리는 '아킬레스와 거북'에서 아킬레스가 거북을 따라잡을 때까지의 시간을 다음과 같은 방법으로 구했다.

간단히 계산하기 위해서 앞에서와 같이 아킬레스와 거북의 속도를 각각 초속 2m와 초속 1m로 하고 거북은 아킬레스보다 1m 앞에서 출발하기로 한다. 이 위치를 x_0라고 한다. 아킬레스가 거북의 위치에 오기까지는 1m 이동하는 셈이니 1/2초가 걸린다. 이때 거북은 1/2m 앞서 가고 있다. 이 위치를 x_1이라고 한다. 다음에 아킬레스가 x_1까지 따라잡는 데에는 1/2m 나가면 되므로 1/4초 걸린다. 이때 거북은 또 다시 1/4m 더 앞서가고 있다. 처음 위치로부터는 $\dfrac{1}{2} + \dfrac{1}{4}$ m인 곳이다. 이때 걸린 시간은 처음 단계에서 1/2초, 다음 단계에서는 1/4초이다. 이후 같은 식으로 반복하므로 n회째에는

$$\frac{1}{2} + \frac{1}{4} + \frac{1}{8} + \frac{1}{16} + \cdots\cdots + \frac{1}{2^n}$$

이 된다. 이것은 등비급수로서 그 합은 1에 무한 수렴된다(점점 가까워진다).

$$\lim_{n \to \infty} \left(\frac{1}{2} + \frac{1}{4} + \frac{1}{8} \cdots\cdots + \frac{1}{2^n} \right) = 1$$

따라서 아킬레스가 거북을 따라잡는 위치 x_∞는 거북의 처음 위

치로부터 1m인 곳이 된다. 이때 걸리는 시간은 1초이다. 그 순간 아킬레스는 거북을 따라잡고 이후 아킬레스가 앞서나간다!

이처럼 수학적 관점에서 따져보면 단순히 제논이 틀렸다고만 결론짓게 된다.

무한급수에는 더해나가면 무한히 커지는 것과 유한한 어떤 값에 무한히 가까워지는 것이 있다. 제논은 그것을 잘 몰라서 제로가 아닌 양의 값을 무한 횟수 더해나가면 무한히 커진다고 생각했던 것일까? 좀더 살펴보자.

'아킬레스와 거북'은 정말 역설인가?

제논이 과연 무엇을 주장하고 싶었는지에 관해서는 해석이 다양하다. 만약 제논이 배리법을 의도했다면 '시간과 공간은 무한 분할할 수 없다'는 것을 주장하고자 했다는 이야기가 된다. 즉 무한 횟수로 조작하는 것이 아무리 머릿속에서 이상화된 개념이라고 해도 정당화할 수 있느냐는 문제 제기였다는 것이다. 핸디캡인 1m라는 선분이 실마리이다. 제논이 그 선분 안에 도중 경과한 점을 무한하게 끼워넣고 있는 것이다.

그런데 '역설'이란 참인 듯 보이는 전제와 타당해 보이는 추론으로부터 수긍하기 어려운 모순된 결론이 나오는 것을 가리킨다. 당신은 제논 역설이 역설이라고 생각하는가?

제논 역설에 대해서 고대 그리스의 저명한 철학자 아리스토텔레스는 어떻게 말했을까? 그는 '시간과 공간은 무한 분할할 수 있다'고 생각했다. 그리고 아킬레스와 거북은 제논의 논증에 오류가 있는 것이지 역설은 아니라고 보았다.

제논이 결론을 이끌어내는 논법은 아킬레스가 거북이 먼젓번에 있던 자리까지 나아가는 행위를 '무한 횟수' 반복해도 여전히 거북은 아킬레스보다 앞쪽에 있다는 논법이다. 즉 '아킬레스가 거북을 뒤따라가는 과정에 있는 한 아킬레스는 거북을 따라잡을 수 없다'는 당연한 이야기를 하고 있는 것에 불과하다고, 아리스토텔레스는 단정했다. 아킬레스가 뒤따르고 있는 과정을 다루되 그 이외의 조건은 살피지 않는다는 설정은 제논이 정한 것이다. 하지만 아킬레스는 시간적으로나 공간적으로나 눈 깜짝할 새 거북을 따라잡는다.

실제로 따라잡는 데 걸린 시간은 1초라는 유한한 시간이다. 그런데도 아킬레스가 한 단계 앞인 거북의 위치에 오는 단계라는 구획을 인위적으로 계속 설정한 데서 난제가 시작되는 것이다. 이런 불필요한 분석을 하면 분명 아킬레스는 언제까지나 거북을 따라잡지 못한다. 그러나 그 '언제까지나'란 시간을 가리키는 것이 아니고 수순의 횟수를 뜻할 뿐이다. 제논은 감쪽같이 이를 혼동시킨 것이다.

무한이란 무엇일까

'무한'이라는 단어에도 여러 가지 해석이 있다. 먼저 피타고라스교단처럼 유한한 길이의 선분에는 동시 병렬적으로 '무한 개'의 점이 늘어선다는, 즉 선분은 무한 개의 점으로 이루어진 집합이라는 견해가 있다. 이것은 '실무한(實無限)'으로서 최소단위로서의 점을 인정하는 관점이다.

반대로 아킬레스와 거북의 사고실험에서의 무한은 '가능무한(可能無限)'이라고 한다. 핸디캡인 1m의 선분 위에 거북이 먼젓번에 있던 지점을 찾아 점을 잘라낸다. 여기서 점은 선분의 단면이다. 그런데 그 점은 아무리 계속 잘라내도 1m의 선분으로부터 끝없이 잘려나간다. 아리스토텔레스는 이 관점을 갖고 있다.

아리스토텔레스로부터 비판을 받은 제논도 시간에 최소단위는 없다고 생각했기 때문에 무한의 의미에 관한 한 피타고라스교단의 실무한과는 관점이 다르다.

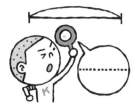

가능무한

이 행위는 끝없이 계속된다

형.
빨리!

반으로
잘라나간다

실무한

이 선분은 폭이 제로인 무한 개의
점으로 이루어져 있다

선은 점의 집합인가?

제논 역설은 2,500년 전에 이미 무한이라는 판도라의 상자를 열었다. 19세기에 독일 수학자 게오르크 칸토어(1845~1918)가 '무한집합론'을 내놓을 때까지 인류는 가능무한의 관점에서 무한을 이해하고 있었던 듯하다. 하지만 무한집합론을 계기로 20세기에 무한에 대한 다양한 모순이 발견되면서 '수학의 위기'라고 불리는 사태로까지 치달았지만 이후 수학기초론이라는 분야가 생겨나고 '괴델의 불완전성 정리'로 이어지게 되었다.

오늘날 우리는 미적분을 배우기 때문인지 선분에는 처음부터 무한 개의 점이 가득 차 있다는 실무한적인 관점을 지닌 사람이 많은 듯하다.

그런데 20세기 말 물리학에서는 '양자제논 효과'라는 현상이 이론적으로 예측되었고 실제로도 관측되었다. 어느 조건을 충족하는

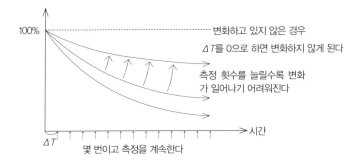

'양자제논 효과'는 '관찰자 효과'라고도 한다.

양자역학적인 계(系)에서는, 그 계의 상태가 시간이 지나면 점점 다른 상태로 변화된다고 할 때 자주 관측하면 변화가 잘 일어나지 않게 된다는 현상이다. 궁극적으로는 무한히 빈번하게 관측하면 변화하지 않게 된다. '보고 있으면 변하지 않는다'는 현상이기에 '관찰자 효과'라고 하기도 한다. 사고실험이 아니라 실제 물리적 현상으로 일어나는 것이다.

  '제논 역설'과 직접 연관이 있는 것은 아니지만 똑같이 무한에 대한 사고방식을 반성하게 하는 소재라고 할 수 있다.

결론

제논 역설에 대해서 무엇이 역설인지 모르겠다거나 단순한 오류가 아니냐는 반응이 들리는 듯하다. 현대인이 보기에 무한의 합이 유한해진다는 것은 그다지 이상하지 않고 아킬레스는 분명히 특정한 시각에 거북을 따라잡는다. 고대인은 무한히 더해나가면 반드시 무한히 커진다고밖에 생각하지 못한 것일까? 이렇게 결론을 맺을 수는 없다.

제논이 '운동의 부정'을 논한 원래의 취지였던, 파르메니데스의 '무(無)는 없다'는 주제는 그리스 시대에 시작된 원자론에 의해서 무너진다. 원자론은 원자 사이의 공허(무)를 전제로 하기 때문이다. 그러나 현대 물리학은 진공도 물리적 성질로 가득 차 있다고 간주하기 때문에 '무는 없다'가 부활했다고 볼 수도 있을 것이다.

제논 역설은 무한의 관점을 둘러싸고 오늘날까지 계속되는 문제 제기인 셈이다.

베르누이의 상트페테르부르크의 도박

'상트페테르부르크의 도박'으로 알려진 사고실험을 알고 있는가?

당신은 어느 쪽으로도 기울어지지 않은 동전을 연속으로 던져서 승부를 내는 도박에 참가하겠느냐는 제안을 받는다. 그 규칙은 다음과 같다.

동전 앞면이 나오면 당신은 상금을 받는다. 상금의 액수는 한 번 던져서 앞면이 나오면 1만 원이고 도박은 여기서 끝난다. 두 번 던져서 처음으로 앞면이 나오면 상금은 2만 원이 되고 도박은 끝난다. 세 번 만에 처음으로 앞면이면 4만 원 하는 식으로, n회째에 처음으로 앞면이 나오면 2^{n-1}만 원을 받게 되고 거기서 도박은 끝난다. 그런데 이 도박에 참가하려면 참가비가 필요하다. 당신은 참가비로 얼마까지 낼 수 있나?

아홉 번 계속 던졌는데 뒷면이고 열 번째에 드디어 앞면이 나왔다면 당신은 512만 원을 받을 수 있다. 스무 번째라면 52억 4,288만 원이다. 서른 번째라면 5조 원이 넘는다. 한편 그런 경우가 일어날 확률을 따져보면 열 번째에 처음으로 앞면이 나올 확률은 $1/512 = 0.0019531\cdots$, 스무 번째라면 $1/524288 = 0.000001907\cdots$이다.

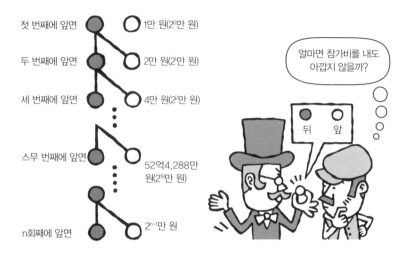

첫 번째에 앞면 ○ 1만 원(2^0만 원)

두 번째에 앞면 ○ 2만 원(2^1만 원)

세 번째에 앞면 ○ 4만 원(2^2만 원)

스무 번째에 앞면 52억4,288만 원(2^{19}만 원)

n회째에 앞면 2^{n-1}만 원

뒤   앞

얼마면 참가비를 내도 아깝지 않을까?

 n회째에 처음으로 앞면이 나올 확률과 그때 받을 수 있는 금액의 곱 (기대치라고 한다)은 어느 경우에나 1/2만 원이 된다. 그러면 첫 번째에 이기는 경우, 두 번째에 이기는 경우, 세 번째에 이기는 경우……를 모두 고려하면 아래와 같으므로 무한대이다.

$$\frac{1}{2} + \frac{1}{2} + \frac{1}{2} + \frac{1}{2} + \cdots\cdots$$

 이 도박을 한 번 할 때 평균적으로 ∞원 받을 수 있는 셈이니 참가비는 아무리 비싸도 낼 만하다는 이야기가 된다. 과연 그럴까?

 실제로는 확률이 1/2이면 1만 원, 1/4이면 2만 원, 1/8이면 4만 원, 1/16이면 8만 원을 받게 된다. 512만 원 이상 받을 수 있는 확률은 1/1024이니 확률이 그다지 좋은 도박은 아닌 것 같다. 어떻게 이런 차이가 생길까?

현실을 감안하면 주머니 속 자금 사정과 참가자의 수명이 유한하기 때문에 상트페테르부르크의 도박을 대박이 터질 때까지 계속하기란 불가능하다. 즉 동전을 던질 수 있는 횟수는 유한하게 한정되어 있어 언제까지나 동전을 계속 던질 수 있는 것은 아니다. 무한하게 계속할 수 있다는 가정이 틀린 셈이다.

그러나 다니엘 베르누이(1700~1782)는 이런 현실적인 해답이 아니라 '효용'이라는 개념을 써서 이 역설에 답을 내놓았다. 효용이란 경제학의 개념으로 어느 재화가 갖는 기쁨, 유용함, 만족도 따위를 계량화한 것이다. 같은 종류의 재화가 증가할 때 사람이 느끼는 효용은 재화의 양에 비례해서 증가하지 않고 한계에 이르는데, 이것을 '한계효용 체감의 법칙'이라고 한다. 상트페테르부르크의 도박에서 받을 수 있는 상금의 기대치를 계산하면 무한대가 되지만 금액 대신 효용의 기대치를 계산하면 유한한 값이 된다고 베르누이는 지적했다.

효용을 대수함수 $\log x$로 나타내보자. 내수함수는 x가 증가해도 점점 그 증가치가 적어지는 함수이다. 상트페테르부르크의 도박에서 받을 수 있는 금액 x 대신에 x원 받았을 때의 효용 $\log x$를 따져보면 무한히 더해나가도 효용의 합은 유한에 머문다.

상대의 주장을
수용하는 척하면서 물리쳐라!

너무나 유명한 이탈리아의 물리학자이자 천문학자 갈릴레오 갈
릴레이(1564~1642)는 사고실험을 논할 때 반드시 언급되는 인물이
다. 그는 왜 그토록 인기가 있을까? 그의 사고실험은 다른 사고실험
과 무엇이 다를까?

이 책에서 다루고 있는 사고실험들은 대개 실제 실험이 곤란하
거나 훗날에 와서야 가능해진 것으로서 상상력에 기댄, 말 그대로
사고실험이다. 그런데 갈릴레이는 머릿속으로만 실험을 한 것이 아
니라 실제로 실험하기도 하였으며 또 그 실험은 현실적으로 수월하
게 할 수 있는 것이기도 했다. 그리고 그것들을 갈릴레이 특유의 문

장으로 정리하여 발표하곤 했다.

갈릴레이가 옹호한 지동설은 당시 로마교황청에게는 이단이었다. 교황청은 아리스토텔레스의 우주관에 입각한 천동설을 채택하고 있었다. 갈릴레이는 직접 실험을 보더라도 받아들일 것 같지 않은 성직자들을 설득하기 위해 사고실험을 했다. 그럼 먼저 갈릴레이가 비판한 아리스토텔레스의 사상은 어떤 것인지 살펴보자.

무거운 물체일수록 빨리 떨어진다?
−아리스토텔레스의 자연학

일상 세계에서 물체는 어떻게 운동하고 있을까? 물체는 위에서 아래로 떨어진다. 물체를 바닥에 미끄러지게 하면 물체는 감속하다가 멈춘다. 자전거를 일정한 속도로 앞으로 나가게 하기 위해서는 항상 페달을 밟고 있어야 한다. 가볍고 속이 비어 있는 것에 비해서 꽉 차고 무거운 것은 쿵 하고 떨어진다.

이처럼 우리가 흔히 볼 수 있는 물체 운동을 대체로 잘 다루고 있는 것이 고대 그리스 최고 철학자 아리스토텔레스(BC384∼BC322)의 자연학이다. 중세 서양의 자연관은 아리스토텔레스의 자연학과 성서에 기록된 세계 창조를 절충한 것이었다. 아리스토텔레스는 세계

제국을 건설한 알렉산더 대왕의 스승으로도 유명한데 그의 업적은 논리학, 윤리학, 정치학 외에도 동물학·식물학에서 천문학·기상학, 물리학까지 방대한 분야를 넘나든다.

아리스토텔레스의 운동학은 현대의 지식으로 보면 오류를 범하고 있지만 일상생활에서 경험하는 현상에는 부합하는 것이었다. 예를 들면 다음과 같다.

- 달 위의 천상 세계에서 별은 원운동을 한다.
- 지상에서 각 물체는 원래 제 위치가 있고 그곳으로 돌아가기 위해 직선 운동을 한다.
- 이와 반대로 운동하게 하려면 접촉해서 힘을 가해야 한다.
- 운동을 지속시키려면 계속 힘을 가해야 한다.
- 던져진 물체가 운동을 계속할 수 있는 이유는 운동하는 그 물체의 앞쪽에 있는 공기가 뒤로 돌아가 물체를 밀어주기 때문이다.
- 무거운 물체가 가벼운 물체보다 빨리 낙하한다.
- 낙하속도가 점점 빨라지는 것은 본래 있어야 할 곳에 이르러 운동을 완성시키려는 내적 요구가 커지기 때문이다.

아리스토텔레스가 생각한 자연은 이렇다.

　아리스토텔레스는 일상을 초월하는 우주를 지상 세계와 구분되는 천상 세계로 보고, 천상 세계에는 지구가 중심에 있고 지구 둘레를 동심원으로 달, 태양, 혹성이 둘러싸고 원운동을 하고 있다고 생각했다. 또 천상 세계를 구성하는 물질도 지상 세계와는 다르다고 보았다.

　우주의 생성에 관한 문제가 일상생활에 직접 영향을 미치는 것은 아니다. 아리스토텔레스의 자연학이 설명하는 천문 현상도 이 부분이 이상하니 일상생활에 적용할 수 없다는 식으로 논의된 적은 없다. 그러나 그것은 현대 물리학에서 배우는 관성의 법칙이나 중력 아래 진공인 공간에서의 물체 운동 등과는 매우 다르다.

　현대 물리학의 관점에서는 힘이 가해지지 않고 마찰과 저항이 없는 이상적인 상황에서는 물체가 등속직선운동을 영원히 계속한다. 그러나 이것은 일상생활에서는 결코 볼 수 없는 상황이다. 현대 물리학이 설명하는 운동은 극단적으로 이상화된 세계에서만 관찰될 수 있는 것이다.

그런데 혹성의 움직임을 관측하던 중에 아리스토텔레스의 자연관에 근거한 프톨레마이오스의 천동설로는 제대로 설명되지 않는 현상이 발견되었다. 이를 뒷받침하기 위해 1543년 코페르니쿠스가 자신의 저서《천구회전론》에서 지구가 다른 행성들처럼 등속도로 태양 주위를 공전한다고 주장하였고 이로써 근대 지동설이 시작되었다. 실은 그보다 일찍이 고대 그리스의 천문학자인 아리스타르코스(BC310~BC230경)가 지동설을 주장한 바 있지만 받아들여지지 않았다.

그러나 코페르니쿠스가 머릿속에 그린 천체는 현재의 태양계와는 달랐고 그의 지동설은 어디까지나 혹성 운동을 계산하기 위한 계산상의 편법으로 내세운 것이라는 한계를 지녔다. 그 후 케플러가 티코 브라헤의 천문관측 데이터로부터 훗날 '케플러의 법칙'으로 명명된 행성에 관한 세 가지 법칙을 발견(1619)하고 마침내 뉴턴이 위대한 발견을 하기에 이르렀다. 이들 각 사건은 그때까지의 과학 전통을 송두리째 뒤엎고 근대과학으로의 전환을 가져온 사상 최대의 과학적인 혁명이었으며 이를 가리켜 '과학혁명(Scientific Revolution)'이라고 한다.

갈릴레이는 이 과학혁명 흐름의 중심인물이었지만 지동설을 옹호했다는 이유로 이단 심문에 회부되어 연금 형을 받게 되고 죽을 때까지 연금 상태에서 지내야 했다. 당시 과학은 종교의 눈치를 살필 수밖에 없었기 때문이다.

그런데 놀랍게도 1992년에 교황 요한 바오로2세가 갈릴레이 재판이 오류였음을 인정하고 사과함으로써 갈릴레이는 약 400년이나 지나고 나서야 명예를 회복하게 되었다. 뿌리 깊은 역사를 새삼 실감하게 하는 이야기이다.

다시 처음으로 돌아가보자. 갈릴레이는 연금 상태로 지내던 1632년에 《천문대화》, 1638년에 《신과학대화》를 발표하고 '귀류법'을 활용한 사고실험을 통해 아리스토텔레스주의자들의 주장을 반박했다. '귀류법'이란 상대의 주장이 옳다고 전제하고 상대의 논리에 따라 논의하다가 상대 주장의 모순을 드러내어 오류를 논증하는 반어적인 증명법이다. 그중 대표적인 몇 가지 사례를 살펴보자.

'연결된 물체 낙하' 사고실험

아리스토텔레스에 따르면 무거운 물체가 가벼운 물체보다 빨리 낙하한다. 또 같은 매질(媒質) 속에서 낙하할 때 속도는 물체의 무게에 비례하며 동일한 무게의 물체가 서로 다른 매질 속에서 낙하할 때의 낙하속도는 각 매질의 저항에 반비례한다.

갈릴레이는 아리스토텔레스가 말한 대로라면 낙하 현상이 어떻게 일어나는지 보여주는 사고실험을 했다.

이 사고실험에는 무게가 다른 두 개의 물체가 등장한다. 그리고 아리스토텔레스의 낙하 법칙을 규칙으로 삼는다. 추가적인 논의는 생략하고 핵심 부분을 보기로 하자.

사고실험 Thought Experiment

무거운 물체와 가벼운 물체를 무게가 없는 이상적인 끈으로 연결해서 낙하시키면 어떻게 될지 생각해보자. 무거운 물체 쪽에서 보면 무거운 물체보다 늦게 떨어지는 가벼운 물체가 무거운 물체를 붙잡고 있는 셈이어서 단독일 때보다 늦게 떨어질 것이다. 한편 가벼운 물체 쪽에서 보면 빨리 떨어지는 무거운 물체에 질질 끌려서 단독일 때보다 빠른 속도로 떨어질 것이다. 따라서 두 개의 물체를 연결한 상태에서는 각 물체의 원래 속도의 중간속도로 떨어지게 된다.

그런데 두 개의 물체를 연결하고 있는 부분을 점점 단단히 매어나가면 어떻게 될까? 결국 무게가 서로 다른 두 물체는 한 덩어리가 되고 그 무게는 원래 각각의 물체를 더한 무게와 같아질 것이다. 당연히 그 무게는 무거운 쪽의 물체 무게보다 무겁다.

그렇다면 단독의 무거운 물체보다 빨리 떨어지게 되므로 처음
의 결과와 모순이 생긴다.

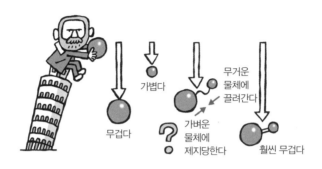

아리스토텔레스가 말한 대로라면 연결된 물체 낙하 실험에는 모순이 발생한다.

이처럼 연결된 물체의 낙하 실험에서 얻어진 두 개의 결론은 서
로 모순이다. 연결된 물체의 속도는 원래의 무거운 물체의 속도보
다 느리고 동시에 빠르다는 이야기가 되기 때문이다. 이로써 아리
스토텔레스의 낙하 법칙은 오류임이 논증된 셈이다. 진공 상태에서
물체는 무게에 관계없이 같은 속도로 낙하해야 하는 것이다.

원래 갈릴레이는 아리스토텔레스의 운동학이 오류임을 논증하
고 싶었지만 일부러 아리스토텔레스의 운동학이 옳다고 가정했다.
이 가정에서 출발하여 모순된 결과가 나왔으니 모순을 유발하는 원

인인 아리스토텔레스의 주장이 틀린 것이 되었다. 이는 논리학에서 말하는 '대우증명법'이다(190페이지 참조).

'매체의 저항' 사고실험

다음은 갈릴레이가 노련한 말솜씨로 논의 대상에서 분리시켜 뒤로 제쳐두었던, 매체의 저항 문제를 살펴보자. 아리스토텔레스의 주장은 동일한 물체가 다른 매질 속에서 낙하할 때 그 속도는 저항에 반비례한다는 것이다. 이를 전제로 갈릴레이는 다음과 같은 사고실험을 했다.

사고실험 Thought Experiment

서로 다른 매질이 공기와 물이라고 가정하고 그 저항의 비율을 1 대 10이라고 하자. 나무 구슬이 공기 중에서 10의 속도로 떨어진다고 하자. 그러면 물속에서는 1의 속도로 가라앉는 것이 된다. 그런데 이 나무 구슬이 가라앉기는커녕 물위에 떠 있질 않은가.

더욱 어려운 문제가 남아 있다. 물속에서 1의 속도로 가라앉는 금속 구슬을 준비한다. 물론 이 금속 구슬은 나무 구슬보다 무겁다. 나무 구슬은 물위에 뜨지만 금속 구슬은 가라앉았으니 말이다.

그런데 이 금속 구슬이 공기 중에서는 저항이 1/10로 줄어들어

공기 중 낙하속도가 10이 된다. 그렇다면 나무 구슬과 금속 구

슬 모두 공기 중에서는 같은 10의 속도로 떨어진다는 이야기가

된다. 하지만 금속 구슬이 무거우므로 무거운 쪽이 빨리 떨어져

야 맞지 않은가. 이것은 모순이다!

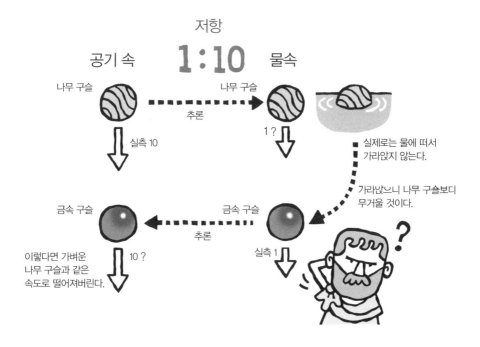

아리스토텔레스가 말한 대로라면 '매체의 저항'도 모순이다.

이렇게 해서 갈릴레이는 매질의 저항과 낙하속도의 관계에 대해서도 아리스토텔레스주의자를 논파했다.

상대의 모순을 지적해서 자신의 주장을 관철시키다

갈릴레이의 논증에 반론을 제기할 수는 없을까?

사실 갈릴레이의 사고실험에 논리의 비약이 전혀 없는 것은 아니다.

저항 효과는 아리스토텔레스의 운동이론에서도 고려되고 있다. 그런데도 갈릴레이는 연결된 물체 낙하의 사고실험에서 그것을 배제하고 이른바 이상적인 상황을 설정해서 사고실험을 실시했다. 하지만 갈릴레이는 왜 저항 효과를 배제해도 되는지는 거의 설명하지 않았다.

물론 갈릴레이는 저항을 고려하지 않은 사고실험을 한 다음 분명 매질 속에서의 물체 낙하에 관해서도 언급하여 논의했다. 그렇게 각각의 방법으로 상대를 훌륭하게 설득했지만 현대 물리학처럼 이들을 통합해서 체계화하는 경지에까지는 이르지 못했다는 한계를 보였다.

갈릴레이의 목적은 아리스토텔레스주의자의 논리를 무너뜨리는 데 있었기 때문에 원래 상대 진영의 정밀하지 않은 법칙에 관해서 세세한 조건이나 별개의 효과를 복합적으로 고찰할 필요가 없었던 것이다.

극도로 이상화된 설정으로 현상을 잘라보는 근대과학 방식의 원조라고 할 수 있다. 상대의 주장을 받아들이는 듯하면서 마음껏 주장을 펼치게 하다가 상대가 자신이 한 말로써 도저히 빠져나갈 수 없는 상황으로 몰고 간 다음 상대를 주저앉히는 것이다. 이처럼 자기 주장을 특히 효과적으로 이끄는 방법으로써 어설픈 대화 형식으로 논지를 전개해나가는 광경이 갈릴레이의 저작에 잘 드러나 있다.

갈릴레이는 자신의 저작에서 아리스토텔레스주의자가 '논점선취'를 하고 있다고 비판했지만 갈릴레이 역시 연결된 물체 낙하의 사고실험에서 논점선취를 한다는 비판을 받곤 한다. 논점선취란 증명하고 싶은 것을 전제 속에서 가정해버리는 순환논법을 말한다.

갈릴레이가 무거운 물체나 가벼운 물체가 같은 속도로 떨어진다는 사실을 알고 있고 이를 바탕으로 자신의 주장을 설득하기 위해 논의를 벌였으니 논점선취라는 것이다. 하지만 결론을 먼저 알고 논의했다고 해도 논리적으로는 논점선취가 아니다. 어디까지나 갈릴레이는 귀류법에 의해 당시에도 반쯤 당연하다고 여겨졌던 사항을, 편협한 아리스토텔레스주의자를 설득하는 수단으로 사용해 사고실험을 한 것이다. 중요한 것은 그의 탁월한 구성력과 말솜씨였다.

결론

증거를 제시해도 납득하지 않는 상대. '그것은 예외라서 증거가 되지 않는다'는 둥 '증거의 출처가 의심스럽다'는 둥 '그것과 반대되는 다른 증거가 있다'는 둥 계속 트집만 잡는 상대를 어떻게 설득하면 좋을까?

아리스토텔레스의 운동학은 우리 주위에서 흔히 볼 수 있는 물체 운동에 대해서라면 갈릴레이의 주장보다 설득력이 있어 보였다. 그 때문에 아리스토텔레스주의자는 갈릴레이의 견해에 반하는 증거를 내밀며 갈릴레이 측의 증거를 제대로 다루려고 하지 않았다. 그래서 갈릴레이는 증거에 기대지 않고 상대방이 자신들의 주장에 들어 있는 모순을 스스로 발견하게 만들어 납득시키려고 했다. 이때는 논리뿐 아니라 수사(修辭)도 중요한데 갈릴레이는 그 점에서도 탁월했다.

아마 백 년 전에도 누군가 이곳에 앉아서 당신처럼 경건하고도 울적한
마음으로 만년설의 저물어가는 빛을 바라보고 있었으리라. (……) 그는
당신과 다른 사람이었을까? 그는 바로 당신 자신, 즉 당신의 자아가 아
니었던가.(……) 당신의 형제는 왜 당신이 아니고 당신은 당신의 친척
중 하나가 아닌가?

— 에르빈 슈뢰딩거
〈길을 찾아서〉(1926), 《나의 세계관》(1961)에 수록

---------- PART ----------

2

인간과 세계의 존재를
근본에서부터 묻다!

철학 · 세계관의 사고실험

순간이동을 한 당신은
원래의 당신과 동일인물인가?

'어디로든 문'의 난제

장편 만화영화 〈도라에몽〉에는 어디든지 순간적으로 이동할 수 있는 '어디로든 문'이 등장한다. 〈스타트렉〉이라는 미국 TV 시리즈에서도 인간이 우주선에 있는 전송기 안으로 들어가면 순식간에 원격지인 혹성에 설치되어 있는 전송기로 나오는 식으로 순간이동을 할 수 있다. 이처럼 어디로든 갈 수 있는 순간이동은 누구나 한번쯤 해보고 싶은 꿈일 것이다.

그런데 SF 영화에 등장하는 순간이동은 동일한 물체를 이동시키지 않는 경우도 있다. 팩시밀리를 떠올려보면 쉽게 이해할 수 있다. 팩시밀리는 종이 자체를 원격지로 보내는 것이 아니라 화상을 스캔해서 송신하고 원격지에서 재현하는 것에 불과하다. 즉 어떤 인물이 순간이동을 할 때 그 인물이 이동하는 것이 아니라 전송된 곳에서 똑같은 인물이 새로 만들어지고 있는 셈이다. 하지만 그렇게 하면 똑같은 사람이 두 명으로 늘어나게 된다. 만약 한 사람으로 하려면 원래의 인물을 없애지 않으면 안 된다. 어떻게 하면 좋을까?

이런 원격전송장치에 관한 사고실험은 '인격의 동일성' 문제를 고찰하는 데 대단히 유용하다. 이를테면 복제인간이 만들어졌을 때 그는 원래의 인물과 동일하다고 할 수 있을까, 또 복제인간이 만들어지면 개인의 권리나 의무는 어떻게 될까 하는 문제에 대해 생각해보게 만든다.

무엇을 기준으로 동일인물이라고 판단하는가

전송기 문제의 사고실험을 자세히 살펴보기에 앞서 인격이 동일하다고 판단하는 기준에는 어떤 것이 있는지부터 정리해보자.

먼저 물체로서 신체가 같으면 동일하다고 보는 사고방식이 있다. 이것을 '신체설(물리적 연속설)'이라고 한다. 그런데 인공장기나 장기 이식을 통해서 몸의 일부가 교체되는 경우가 있다. 한편 분자 수준으로 말하자면 신진대사에 의해 1년 정도면 인체를 구성하는 분자는 거의 모두 다른 분자로 교체된다. 그렇게 교체되더라도 보통 우리는 같은 인물이라고 보지만 신체설을 근거로 하면 동일하다고 말하기가 어려워진다. 만약 인체는 단순한 기계에 불과하고 뇌야말로 '마음'이 깃든 물체라고 간주한다 해도 뇌 분자 역시 교체된다는 점은 다르지 않다.

또 하나는 그 사람의 기억이 동일하면 같은 인격이라고 보는 사고방식이다. 이것을 '기억설(심리적 연속설)'이라고 한다. 기억이 같다면 기억하는 시스템이 자신의 뇌가 아닌 다른 뇌이거나 극단적인 경우 컴퓨터 같은 기계라고 해도 상관없다. 그러나 만약 뇌에 병이 들면 정보가 파괴되어 기억도 변하고 말 것이다. 그때 어느 정도까지를 원래의 인격과 동일하다고 할 수 있냐는 문제가 발생한다.

파핏의 '전송기' 사고실험 ①

전송기의 사고실험 이야기로 돌아가보자. 전송기의 사고실험은 철학자인 대니얼 데닛(《The Mind's I》(이런, 이게 바로 나야!-한글판 제목), 1981년)과 데릭 파핏(《이유와 인격》, 1984년)이 최초로 다룬 듯하지

만 좀 더 이전인 1973년에 버나드 윌리엄스가 '두 사람의 뇌 교환'
으로 인격 동일성 문제를 다룬 적이 있다. 윌리엄스가 제기한 문제
는 '병에 걸려서 뇌가 기능하지 않게 되기 전에 컴퓨터로 기억을 옮
긴다면 뇌사 상태인 육체와 컴퓨터 중 어느 쪽이 당신인가' 하는 것
이었다. 두 사람의 기억을 교환했을 경우 신체설에 따르면 어디까
지나 육체가 기준이므로 기억이나 성격이 이상해진 것이 되고, 기
억설을 근거로 하면 육체가 서로 바뀐 것이 된다. 어느 쪽의 주장을
믿느냐에 따라 무엇을 인격의 본성이라고 보는지가 달라진다.

전송기의 사고실험도 같은 문제를 제기하지만 설정을 미묘하게
바꿀 수 있다. 앞의 팩시밀리의 경우에서처럼 순간이동을 하면 인
물이 두 사람으로 늘어나므로 파핏은 '기술적 제약에 의해 원래 있
던 인물은 소거된다'고 설정했다. 사고실험의 내용은 다음과 같다.

사고실험 Thought Experiment

나는 전송기 안으로 들어간다. 버튼을 누르면 나는 의식을 잃었
다가 나중에 깨어나지만 순식간의 일처럼 느껴진다.

장치는 내 몸에 관한 모든 세포 정보를 스캔하여 저장하면서 세
포를 파괴해나간다. 그 정보는 다른 혹성에 있는 장치로 전송
된다. 그 장치는 이 정보에 입각해서 내 몸을 완전하게 복제한
다. 다른 혹성에서 눈뜬 나는 지구에서 버튼을 누르던 순간까지

의 기억을 지니고 있다. 따라서 내가 순간적으로 지구에서 다른 혹성으로 이동한 것이라고 볼 수 있을 것이다. 왜냐하면 지구에 있던 나와 다른 혹성에서 생성된 나는 기억이 완전히 같고 심리적인 연속성이 유지되고 있기 때문이다. 그리고 지구에 있던 나는 더 이상 존재하지 않는다.

여기서는 기억설에 의해 인격이 동일하다고 판단하고 있다. 신체적으로 보더라도 물질이 연속하고 있지는 않지만 분자 수준까지 완전히 동일한 신체구조를 갖고 있다. 사회나 가족의 입장에서는 '다른 혹성의 새로운 인물은 지구에 있던 원래의 나와 같다'고 볼 수 있으므로 이렇게 보면 아무런 문제가 없는 것 같다. 이번에는 전송되는 당사자의 처지에서 살펴보자. 장치 안에 들어가 정신을 잃은 당신은 곧바로 살해되고 거기서 끝나는 게 아닌가. 그렇다면 다른 혹성의 인물은 복제에 불과할 뿐 당신과 동일하다고는 볼 수 없는 것이다.

파핏의 '전송기' 사고실험 ②

파핏은 첫 번째 사고실험의 설정을 약간 바꿔서 두 번째 실험을 내놓는다.

사고실험 Thought Experiment

전송기가 개량되어 이제 새로운 스캐너는 신체를 파괴하지 않고 신체 정보를 스캔할 수 있게 되었다. 따라서 다른 혹성과 지구에 완전히 동일한 몸과 정보를 지닌 인물이 존재하게 된다.

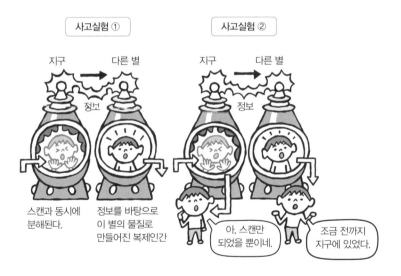

전송로로 보내진 인간은 기억과 몸이 같다.

이 사고실험에서는 인물이 두 사람이 된다. 기억설의 관점에서 보면 두 사람은 전송 직후에는 같은 인물이다. 이처럼 두 명의 동일 인물이 존재하게 되면 사회는 어느 쪽을 정당한 권리의 주인이라고 인정할 것인가 혹은 범죄의 책임을 어느 쪽에 지울 것인가 하는 등의 법률적으로 대단히 어려운 문제가 발생한다. 그리고 무엇보다 가족이 곤란해진다. 아무리 기억과 몸이 같다고 해도 별개의 두 사람인 그들에게 똑같이 애정이나 일체감을 느낄 수 있을까?

그렇다면 더더욱 원래의 인물은 없애는 편이 나을지도 모른다. 하지만 이런 식으로 문제를 회피하는 것이 과연 적절한가?

신체설의 관점에서 보면 두 사람 모두 몸은 똑같지만 지구의 인물이 물질로서 연속하고 있는 데 반해 다른 혹성의 인물은 새롭게 생성되었으므로 지구의 인물이 존재로서의 정당성을 갖는다고 볼 수도 있다. 가령 전송받은 혹성에서 어떤 사정으로 복제를 취소했다고 하더라도 지구에서는 이 사실을 모른다. 만약 생성 도중에 취소되었다 해도 지구에 있는 인물은 스캔되었을 뿐 여전히 계속해서 그 자신이기 때문이다. 그런데도 전송하고 나서 지구에 남은 인물을 소거해버린다면…….

어느 한 쪽을 소거한다고 할 때, 전송 직후라면 복제된 존재를 지우면 될지 몰라도 어느 정도 시간이 흐른 다음에는 각자 다른 인생을 걸어간 두 인격체 중 어느 한 쪽을 죽이는 것이 된다. 각각 지구와 다른 혹성에 있는 두 사람은 전송기로부터 나온 이후 다른 경험을 하면서 시간이 지날수록 각자 다른 인격체가 되어가기 때문이다. 공상과학물 가운데는 그런 두 존재가 우주여행 끝에 조우하게 되는 설정도 더러 있다.

난치병을 치료하기 위해서라면
냉동상태로 보존되어도 괜찮은가

이처럼 전송기 사고실험을 통해서 인격 동일성 문제를 고찰해보면 다양한 견해가 존재할 수 있다는 것을 알게 된다. 일반적으로 우리는 인격 동일성 기준에 대해서 신체설과 기억설을 상황에 따라 나누어 사용하는 듯하다.

끝으로 다음과 같은 사례를 생각해보자.

사고실험 Thought Experiment

당신은 중병에 걸려서 앞으로 한 달밖에 살 수 없다고 한다. 그런데 전송기에 들어가면 당신은 소거되어버리지만 다른 혹성에 당신과 똑같은 기억과 감정, 몸을 지닌 인물이 생성되고 더구나 의학이 발달한 그 혹성에서 당신의 불치병도 간단히 치료할 수 있다. 당신은 기꺼이 전송기로 들어갈 텐가?

이 제안에 어떻게 답하느냐에 따라 당신이 자신의 인격 동일성을 어떻게 느끼는지 알 수 있을 것이다.

불치병 환자를 냉동상태로 보존한 뒤 치료법이 발견된 미래에 해동한다면 어떨까 하는 문제도 이와 관련된다. 극단적으로 말해서 매일 밤 잠들고 다음 날 아침에 일어나는 것에 대해서도 잠들기 전과 후의 당신은 동일인물인가 하고 누군가 물으면 대답하기가 곤혹스러울 것이다. 어쩌면 우리는 아침에 일어날 때마다 모든 기억과 함께 다시 살아나고 있는지도 모른다. 그것을 우리 스스로는 확인할 길이 없다.

전송기 사고실험은 어떤 것을 증명하거나 논쟁에 종지부를 찍는 식의 결과를 직접적으로 얻을 수 있는 사고실험은 아니다. 그러나 여전히 결론이 나지 않은 '인격 동일성은 무엇을 기준으로 판단하는가' 하는 문제에 관해서 설정을 조금씩 바꾸어가며 입체적으로 고찰하고 좀 더 납득할 만한 주장을 생각해내고 검토할 수 있도록 도와준다. 신체설과 기억설, 그리고 그 외의 주장도 포함해서 인격의 본성이란 무엇인가를 고찰하는 데 알맞은 도구이다.

―――――――――――― 결론 ――――――――――――

타인의 시선으로 바라본 동일성의 기준이란 무엇인가 하는 것도 중요
한 문제이다. 기억과 의식까지 모두 완전하게 같은 복제인간이 만들어
졌을 때 어느 쪽에 정통한 권리 · 의무 · 책임을 부여하느냐 하는 윤리적
인 논의는 다음과 같은 물음을 제기한다. '사회생활이 안정적으로 영위
되려면 원래의 인물과 복제인간 중 어느 쪽을 그 사람이라고 보아야 하
는가', '타자의 인격이라는 개념은 어떻게 기능하는가', '인격의 기억설과
신체설 중 어느 쪽이 타당한가' 등.

그러나 전송기 사고실험은 그 이상의 문제를 던진다. 즉 전송되는 당신
자신에게 당신은 누구인가, 그리고 당신에게 당신의 복제는 누구인가
하는 난제이다. 그것은 전송기라는 특수한 상황이 아니라 일상생활에서
잠들고 깨어나는 사이의 의식과 인격의 연속이라는 상황에도 해당될 수
있다.

가능 세계에 존재할지도 모르는 당신의 복제를 당신이 어떻게 느끼는가
하는 문제는 확률의 해석이나 양자역학의 해석 문제와도 얽혀 있다.

테세우스의 배

그리스신화에서 영웅 테세우스가 탄 배는 계속 보존되면서 썩은 부위는 그때그때 새로운 부품으로 교체되었다. 오랜 세월이 흘러 결국 원래의 재료가 완전히 교체되었다. 이때 현재의 배는 테세우스가 탄 배라고 말할 수 있을까? 부품을 어느 정도까지 교체하면 원래의 배라고 할수 있을까?

떼어낸 낡은 부품을 수거하여 또 다른 배를 조립했다면 새것과 낡은 것 중 어느 것이 테세우스의 배일까?

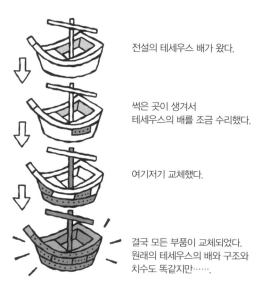

전설의 테세우스 배가 왔다.

썩은 곳이 생겨서
테세우스의 배를 조금 수리했다.

여기저기 교체했다.

결국 모든 부품이 교체되었다.
원래의 테세우스의 배와 구조와
치수도 똑같지만······.

원래의 부품이 전혀 남지 않아도 '테세우스의 배'인가?

퀄리어란
무엇인가?

'박쥐가 된다는 것은 어떤 것인가' 사고실험

유고슬라비아 태생의 미국 정치철학·심리철학자인 토마스 네이글(1937~)은 1979년 〈박쥐가 된다는 것은 어떤 것인가〉라는 논문을 발표하며 동명의 사고실험을 했다. 이 실험은 의식 철학에 관한 것으로, 네이글은 만약 '의식'의 구조를 물리적·생리학적으로 완벽하게 이해했다 하더라도 실제로 어떤 느낌인지는 의외로 모른다고 주장한다. 그는 마음도 물질의 상태만으로 설명될 수 있어야 한다는 '물리주의'의 사고방식을 반박하기 위한 하나의 방법으로

이 사고실험을 했다.

박쥐는 그저 잘 만들어진 날아다니는 기계가 아니라 박쥐 나름 대로 외부 세계를 경험하며 느끼고 있을 것이다. 박쥐는 시력이 거의 없지만 잠수함의 수중음파탐지기기처럼 고주파 울음소리를 내서 그 반향을 이용하여 외계의 상태를 지각한다. 그것은 우리 가 시각을 통해서 인지하는 것과 마찬가지로 대상의 크기, 형 태, 움직임, 감촉을 정확하게 식별할 수 있는 엄연한 지각의 한 형태이다.

그러나 음파탐지에 의한 감각은 우리가 지닌 어떤 감각기관의 것과도 닮지 않았다. 사실 우리가 그 감각을 체험하는 것은 물 론이고 상상조차 할 수 없지 않은가?

박쥐는 앞다리에 막(膜)이 붙어 있고 낮에는 다락방에 거꾸로 매달려 있다가 밤이 되어서야 주위를 날아다니며 입으로 벌레 를 잡는다. 눈을 통해서는 앞을 거의 볼 수 없고 음파를 내어 그 반향을 이용하여 대상의 위치를 파악한다. 이런 박쥐가 어떤 세 계를 느끼며 살아가고 있는지, 우리 자신의 경험을 토대로 아무 리 상상해보려고 해도 알 수 없지 않은가?

어떤 사람이 박쥐의 신경회로를 연구하여 마침내 박쥐가 장애물에 다가갈 때 뇌가 어떻게 반응하는지를 밝혀내고 박쥐가 어떻게 날아다니며 서식하는지에 관해서도 완벽하게 알게 되었다고 가정하자. 그렇다 해도 그가 박쥐가 된다는 것은 어떤 느낌인지, 박쥐가 어떤 세계를 느끼며 살고 있는지는 알 수 없을 것이다. 아무리 물리학적 · 신경생리학적인 구조와 기능을 연구해도 '박쥐가 된다는 것'을 이해하기란 불가능하다고 네이글은 주장한다.

퀄리어란 무엇인가

이 사고실험은 자신이 박쥐가 된다는 것은 어떤 느낌인가 혹은 박쥐로서 세계를 어떻게 느끼는가 하는 문제를 다룬다. 우리가 일반적으로 어떤 것을 지각하면서 주관적으로 느끼는, 말로 표현할 수 없는 기분이나 심상을 '퀄리어(감각질)'라고 한다. 붉은 장미를 볼 때의 '붉다'는 느낌, 유리를 손톱으로 긁는 소리를 들을 때의 불쾌한 느낌, 이가 아플 때의 느낌, 매실장아찌를 먹을 때의 시다는 느낌, 그네를 탈 때의 상쾌한 느낌, 벨벳 옷감을 만졌을 때의 부드러운 감각 등, 이런 느낌들이 모두 '퀄리어(감각질)'에 해당한다.

시신경을 통해 전달되는 것은 전기화학적인 신호이다. 이 신호가 뇌에 전달되어 뇌신경 회로의 흥분패턴이 만들어진다. 예컨대 파란색 물체를 보면 파란색의 퀄리어가 생긴다. 마찬가지로 손을 꼬집히면 통증 물질이 뇌에까지 이동하는 것이 아니라 신경을 통해서 전기화학적 신호가 전달되어 통증을 느끼게 된다.

하지만 누군가 이가 아프다고 할 때 그 아픈 느낌이 내가 이가 아파서 느낄 때의 아픔과 같은지 어떤지는 알 수 없다. 그 느낌이란 사람마다 내적으로 경험하는 것이어서 타인이 이해할 수 있는 것도 아니고 또 말로 설명해서 알 수 있는 것도 아니다. 퀄리어란 이런 것이다.

우리가 '물리주의' 혹은 '유물론'의 관점에서 마음을 고찰한다고 해보자. 유물론이란 세계를 물질만으로 설명할 수 있다는 사상이다. 마음도 당연히 물질의 기능(실은 뇌 상태에 수반되어 발생하는 어떤 것)이므로 마음의 세계가 물질 세계와 따로 떨어져 있지 않다는 입장을 취한다. 그런데 이때 가장 어려운 문제는 퀄리어를 어떻게 설명하느냐 하는 것이다. '박쥐가 된다는 것은 어떤 것인가'라는 사고실험도 바로 그 점에서 물리주의를 비판하고 있다. 물리주의의 관점에 따르면, 물질의 성질이나 행위에 대한 모든 지식을 얻었으면 마음에 대해서도 알 수 있어야 한다. 따라서 물리주의를 비판하려면 물질과 생리학 같은 지식을 갖추고 있어도 모르는 것이 있다는 사례를 제시하면 되는 셈이다.

'퀄리어 역전' 사고실험

'퀄리어의 개인적 성질'에 관해 다음과 같은 흥미로운 실험이 있다.

나와 당신은 모두 색맹이 아니라고 가정하자. 우리는 색채에 대해 똑같이 이치에 걸맞은 반응을 보인다. 누군가가 파란 색연필을 잡으라고 하면 우리는 당연히 파란 색연필을 고른다. 붉은 장미를 보면 우리 둘 다 '타는 듯 붉다'고 말한다. 횡단보도에서 신호가 파란불이 아니면 당신과 나 둘 다 건너지 않는다. 그러나 당신과 내가 동일한 물리적인 자극인 색채에 반응하는 내적 경험, 즉 퀄리어가 다르다고 상정해볼 수는 없을까?

당신이 붉은 장미를 보고 '붉다'고 말할 때 갖는 느낌은 어쩌면 내가 숲을 보고 '푸르다'고 말할 때의 느낌과 같을지도 모른다. 반대로 당신이 숲을 보고 '푸르다'고 말할 때의 느낌이 내게는 붉은 장미를 바라볼 때의 느낌일 수도 있다. 즉 퀄리어가 역전하는 것이다.

나와 당신은 동일한 '붉은' 장미를 바라보며 동일한 물리적 파장인 빛을 눈으로 받아들이고 있다. 이때 나는 당신이 감각적으로는 '푸르다'고 느끼는 것을 보고 '붉은 장미구나, 피처럼 붉어'라고 표현한다. 한편 당신도 '붉은 장미구나, 피처럼 붉다'고 말한다. 똑같은 물리적인 자극에 똑같은 반응을 하고 있는 셈이어서 퀄리어 역전이 실제로 일어난다고 해도 이를 실증하기란 불가능할 것이다!

이 '퀄리어 역전' 사고실험을 주장한 사람은 '중국어 방' 사고실험에서도 소개되는 철학자 존 설(1932~)이다. 그는 이 사고실험을 통해서 '기능주의'를 비판했다. 기능주의는 '행동주의'와 사상이 비슷하지만 분명 차이점이 있다. 행동주의란 외적 자극과 행동 반응의 관계성만을 따지며 외부에서 관찰할 수 있는 요소만으로 마음을 연구하고자 한다. 행동주의는 마음 상태에 대해서는 언급하지 않는데 반해 기능주의는 마음 상태가 어떤 행동을 일으키는 기능을 지닌 소프트웨어 같은 것이라고 간주한다.

기능주의적으로 말하자면, '나는 푸른 신호등을 보았다'고 할 때 나의 내적 경험과 '나는 푸른 신호등을 보았다'라고 할 때 타인의 내적 경험은 동일한 내적 경험이 되어야 한다. 만약 퀄리어가 역전되어 내가 노란색 퀄리어를 경험하면서 '파랗다'고 말했다 하더라도 타인 또한 나와 같은 행동을 일으킨다는 것이다. 그러나 이때 두 사람의 퀄리어는 다르며 각자 다른 내적 경험을 하고 있기에 설은 기능주의가 틀렸다고 주장한다.

퀄리어 역전이 아닌 '퀄리어 결여'도 '철학적 좀비'로 자주 논의된다. 그것은 이 장의 맨 뒤에 소개하겠다.

'메리의 방' 사고실험

처음 이야기로 다시 돌아가 보자. 오스트레일리아 철학자인 프랭크 잭슨(1943~)은 '박쥐가 된다는 것은 어떤 것인가'를 개량한 '메리의 방' 사고실험(1982)으로 물리주의를 비판했다. 잭슨의 논증방식을 '지식논법'이라고 한다.

박쥐에 대한 사고실험은 아무리 의인화해서 생각하려고 해도 무리가 따른다. 박쥐는 단순히 외계의 환경 조건과 경험에 따라 반응하고 있을 뿐인지도 모른다. 박쥐에게 내면적인 의식 체험이 있는지 어떤지는 사실상 알 길이 없다. 그러나 박쥐를 인간으로 대체하면 달라진다. 인간이 의식 체험과 퀄리어를 갖는 것은 거의 분명하므로 박쥐를 인간에 견주어서 고찰한 실험이 '메리의 방'이다. 어떤 사고실험인지 살펴보자.

메리는 한 번도 색채를 구경한 적이 없다. 그녀는 태어나서부터 내내 흑백으로 된 방에 갇힌 채 자랐고 방 외부와도 흑백 TV를 통해서만 교류하고 있기 때문이다.

하지만 그녀는 시각의 신경생리학을 전공하고 있어서 시각에 관한 모든 정보를 학습하고 이해하고 있다. 따라서 색채에 관한 한 물리학적인 파장이나 색의 관계뿐 아니라 망막, 시신경, 뇌의 시각피질 같은 생리학적 지식은 물론 사람이 색채에 대해 어떻게 반응하고 표현하는지까지 완벽하게 알고 있다.

그런 그녀가 어느 날 방에서 나와 난생 처음 파란색과 빨간색을 보게 된다면 그녀는 세계에 관해 어떤 새로운 정보를 얻을까?

잭슨은 메리가 색에 관한 완전한 지식을 갖고 있음에도 불구하고 새로운 정보를 얻는다고 주장한다. 메리는 방을 나오기 전부터 사람들이 하늘을 보고 '파랗다'고 말하는 것도 알고 있으며 '파랗다'는 성질이 바다의 '색'과 같다는 사실도 알고 있다. 그러나 그녀는 파란색을 직접 눈으로 보고 나서 파랗다는 감각, 즉 퀄리어를 태어나서 처음으로 경험하기 때문이라는 것이다.

메리는 처음으로 색을 경험했을 때 색의 퀄리어라는, 물리주의에서는 있을 수 없는 새로운 정보를 얻은 셈이다.

'철학적 좀비' 사고실험

오스트레일리아의 심리철학자 데이비드 차머스(1966~)는 '좀비 논법'이라는 논증방식으로 물리주의를 비판했다. 그는 1994년에 애리조나 주 투손에서 열린 '의식의 과학을 향하여(Toward a Science of Consciousness)'라는 국제회의에서 '의식의 어려운 문제(Hard problem of consciousness)'라는 용어를 처음 사용하고 이를 정착시킨 장본인으로도 유명하다.

차머스는 뇌의 물리학적 · 화학적 메커니즘과 정신활동의 관계를 다루는 문제를 '쉬운 문제(easy problem)', 그리고 물리적 존재인 뇌로부터 어떻게 해서 의식이 생겨나는가 하는 뇌와 마음의 연결 문제, 특히 퀄리어의 문제를 다루는 것을 '의식의 어려운 문제'라고 정의했다. 이것을 이어받아 팀 로버츠는 '의식의 초난문(the harder problem of consciousness)'(1998)이라는 이름으로, '더할 나위 없이 소중한 '나'란 무엇일까'라는 문제를 제기했다.

차머스는 '메리의 방'에서 지식 부분을 제거하여 훨씬 단순화시킨 '철학적 좀비'라는 사고실험으로 물리주의를 비판했다.

철학적 좀비란 '육체를 비롯해서 뇌 신경세포의 상태까지 물리적으로 측정 가능한 모든 것과 그의 행동도 보통 사람과 구별이 안 되지만 내적 경험, 즉 퀼리어가 결여된 존재'를 말한다. 좀비란 원래 아이티 섬과 미국 남부의 민간신앙인 부두교에서 전해오는 것으로 부두교 주술사가 부활시킨 시체를 가리킨다(공포영화에 자주 나온다). 공상과학영화에 등장하는, 겉모습도 정교하고 행동도 인간과 구별이 안 되는 안드로이드 같은 것은 행동적 좀비이다. 철학적 좀비란 훨씬 인간에 가까우며 인간과 해부학적 구조가 같고 뇌 신경세포까지도 모두 같아서 물리적인 방법으로는 인간과 전혀 구별이 안 되는 존재를 일컫는다. 기억하고 추론하기도 하며 화내거나 슬퍼하기도 해서 겉으로 보면 인간과 다른 점을 전혀 찾아볼 수 없다. 단 퀼리어 같은 내적 경험을 갖지 않는 점만이 다르다.

인간에게는 의식, 감각 체험, 퀼리어가 있다. 한편, 물리적으로는 우리 세계와 똑같고 외견상 전혀 구별할 수 없으면서 퀼리어가 없는 세계, 즉 '철학적 좀비'만이 존재하는 세계(좀비월드)를 상상해볼 수 있다.

우리의 현실 세계에는 자기 자신은 물론 타자에게도 의식이라는 현상이 있다. 그 현실 세계로부터 의식과 퀼리어만 뺀 것이 좀비월드인데 물리학적으로 보면 현실 세계와 좀비월드는 같다. 따라서 의식과 퀄리어에 관한 사항은 물리학 법칙의 범주에는 속해 있지 않다. 물리학에서는 의식과 퀄리어를 설명할 수 없는 것이다.

그런데도 현실 세계에는 의식이라거나 퀄리어라는 것이 있으므로 물리학적 지식에 의거해서 현실 세계의 모든 것을 설명할 수 있다는 물리주의의 사고방식은 틀렸다는 이야기가 된다!

이것이 '좀비논법'의 요점이다. 그리고 차머스는 물리법칙은 확장되어야 한다고 주장한다.

그러나 좀비논법은 결국 퀄리어란 무엇인가 하는 문제에 귀착한다. 이것이야말로 뇌의 물리적·화학적인 과정과 마음의 관계 연구로는 풀 수 없는, '의식에 관한 어려운 문제'인 셈이다.

여기서 더 나아가 '의식의 초난문'은 의식이란 무엇인가 혹은 자기 자신을 의식한다는 것은 어떤 것인가 하는 물음 너머에 있는 문제를 말한다. 즉 '어째서 나의 육체와 기억을 갖고 나로서 사회에 인지되고 있는 '나'만이 나인 것일까? 어째서 나는 다른 누군가가 아닐까? 어째서 세계는 과거와 미래도 아닌 지금 여기에 있는 나의 육체를 통해서 경험되고 있을까? 다른 시대, 다른 장소, 다른 육체의 눈을 통해서 보이지 않는 것일까' 하는 문제이다. 이것은 윤회전생(輪廻轉生) 같은 사상이나 확률관념의 문제와도 관련이 있는 대단히 풀기 어려운 문제이다.

결론

우리 선조들은 초감각(超感覺)을 지녔었다. 현대인에게 이르러 사라져 버렸지만 이와 관련된 내용이 고고학적으로 상세히 밝혀지고 있다. 현대인인 우리가 그 감각을 체험하기란 불가능하다. 그런데 어떤 계기로 이 초감각이 회복되었다고 하자. 초감각을 통해서 보이는 세계는 당신에게 어떻게 느껴질까?

이것이 이 장의 사고실험에서 제기하는 문제이다. 이 사고실험에 따르면 초감각인 퀄리어는 초감각에 관한 모든 지식을 갖고 있더라도 도달할 수 없다. 또한 동일한 자극이나 상황에 있다 하더라도 타인의 퀄리어는 알 수 없으며 퀄리어가 결여된 인간 같은 존재가 있다고 상정할 수도 있다. 이러한 논의의 목적은 마음의 모든 것은 물질 혹은 물질의 상태로 환원 가능하다든지 이 세상에는 물리적인 특성 외에는 어떤 지식도 있을 수 없다고 주장하는 물리주의를 반박하는 것이었다.

실험파일 6   튜링 테스트 vs 중국어 방

컴퓨터는
지성을 지닐 수 있을까?

컴퓨터와 인간을 구별할 수 있는가-엘리자

1966년 미국의 정보공학자 조셉 와이젠바움(1923~2008)은 대화하는 인공지능 시스템의 일종인 '엘리자'를 만들었다. 심리상담가와 정신병 환자가 대화하는 모습을 설정한 뒤 엘리자는 심리상담가역을 맡는다.

엘리자는 매우 간단한 프로그램으로, 환자가 입력한 문장에서 중요해 보이는 단어를 골라낸 다음 어떤 규칙에 따라서 그 단어를 짜넣은 문장을 생성한다. 특히 실마리가 되는 단어가 발견되지 않으면 별 의미 없는 일반적인 인사나 맞장구 같은 문장으로 대답하거나 혹은 직전에 사용한 문장을 단순히 반복한다. 복잡한 문장이 입력된 경우에는 '당신이 말하는 것은 어렵네요. 더 쉽게 다시 말해주세요' 하는 식으로 응답할 수도 있다.

당신 : 안녕?

엘리자 : 안녕하세요?

당신 : 오늘은 컨디션이 좋아.

엘리자 : 당신은 오늘 컨디션이 좋은가요?

당신 : 아니, 컨디션은 좋아졌지만 친척이 불행한 일을 당해서 우울해.

엘리자 : 우울한가요?

당신 : 너는 어때?

엘리자 : 저는 괜찮으니 당신 이야기를 들려주세요.

당신은 이처럼 당신과 단순한 대화를 주고받는 엘리자를 인간이라고 생각할까? 모습이나 목소리, 응답속도 따위로 판별할 수 없도록 타자기로 입력한 문장을 주고받는 방법만으로 실험했더니 엘리자가 인간이라고 오인하는 환자뿐 아니라 기계라는 사실을 밝혔는데도 믿지 않는 환자도 있었다고 한다. 그중에는 증세가 호전된 환자까지 있었다고 한다.

이러한 기계와 인간의 대화 실험은 엘리자 이후 매우 활발하게 진행되고 있다. 반대로 상담가가 아닌 통합실조증 환자를 본뜬 프로그램을 만들어서 정신과 의사로 하여금 인간인 환자인지 기계인지를 판정하게 하는 시도도 이루어졌다. 컴퓨터와 인간을 구별할 수 있는지 여부를 겨루는 뢰브너상(Loebner Prize)이라는 채터봇대회도 1991년부터 매년 열리고 있다. 이 대회는 다양한 규칙을 정해 놓고 인간과 컴퓨터 사이의 흥미로운 겨루기를 펼친다.

'AI(인공지능)'는 지능을 갖춘 컴퓨터를 연구하고 추진하는 분야이다. 그렇다면 엘리자와 같은 시스템은 지능이 있다고 볼 수 있을까? 컴퓨터가 지능과 의식을 갖고 있다고 말할 수 있으려면 어떤 조건을 충족해야 할까?

컴퓨터과학의 개척자─폰 노이만과 튜링

현재 대부분의 디지털 컴퓨터는 노이만형 컴퓨터라고 한다. 20세기를 대표하는 만능수리과학자 존 폰 노이만(1903~1957)의 이름을 따서 붙인 이름이다. 이 때문에 폰 노이만이 발명했다고 생각하겠지만 진정한 개발자는 펜실베이니아대학의 그다지 알려지지 않은 물리학자와 전기공학자였다. 이들 연구진이 거의 완성시켰지만 유명인사인 폰 노이만이 최종단계에서 아주 조금 관여하는 바람에 두 무명 과학자의 이름 대신 노이만의 이름만 남았다고 한다.

그런데 노이만형 컴퓨터의 추상적인 동작모델은 '튜링 머신'(1936)이라는, 어떤 알고리즘도 계산할 수 있는 가상기계의 개념에서 시작되었다. '튜링 머신'이라는 이름은 제2차 세계대전에서 독일군의 에니그마 암호를 해독하는 데에 크게 활약한 영국의 천재 수학자 앨런 튜링(1912~1954)이 제안한 데서 붙여진 것이다.

에니그마 암호는 당시 해독이 불가능한 최강의 암호로 알려졌고 독일군이 1925년에 정식 채택한 이후 2차 세계대전이 끝날 때까지 계속 사용했다. 암호를 푸는 데 성공한 영국이 그 사실을 극비리에 부쳤기 때문이다. 에니그마 암호를 풀었다는 사실이 새어나가지 않도록 당시 영국 수상 처칠은 에니그마 암호 해독으로 독일군이 영국 중서부 도시 코벤트리를 폭격한다는 계획을 감지했으면서도 공습경보를 울리지 않고 시민들을 죽음으로 몰아넣었다고 한다.

튜링은 종전 후 동성애자라는 이유로 기소되어 호르몬요법을 강요당했다. 급기야 스파이 의혹까지 받게 되고 1954년 41세의 젊은 나이에 스스로 목숨을 끊고 말았다.

컴퓨터는 생각하는가–튜링 테스트

튜링은 1950년 인공지능을 주제로 다룬 논문을 발표하고 기계가 지능을 가질 수 있는지 여부를 테스트로 판단해보자고 제안했다. 이것이 바로 '튜링 테스트'이다. 원래의 설정은 여성인 척하는 남성과 진짜 여성이었는데 여기서는 오늘날 일반적으로 널리 알려져 있는, 직접 컴퓨터를 등장시키는 설정을 소개한다.

사고실험 Thought Experiment

판정자 역할을 하는 사람이 있다. 이 판정자가 볼 수 없도록 칸막이가 쳐져 있고 그 너머에 컴퓨터와 인간이 있다. 인간과 컴퓨터 또한 서로 격리되어 있다. 그리고 이 인간과 컴퓨터는 모두 인간이라고 판정되도록 행동한다.

이 상태에서 판정자인 인간과 칸막이 너머의 컴퓨터, 그리고 판정자인 인간과 칸막이 너머의 인간이 일상적인 대화를 나눈다. 목소리의 특징이나 말투의 빠르기에 따라 판정이 좌우되지 않도록 통신은 텔레타이프(타이프라이터를 통신 케이블로 연결한 것)로 주고받는다.

이러한 설정은 겉으로 보기에 마치 지능이 있는 것처럼 응답하는 시스템이라면 지능이 있다고 간주해도 좋다는 입장이다. 그 시스템이 내면에서 어떻게 느끼는가('느낌' 같은 것이 존재한다는 가정 하에서의 이야기이지만)는 관계없다고 본다. 타인의 내면은 인간들 사이에서도 알 수 없으므로 불가능한 것을 요구하면 더 이상 과학이 아니라는 입장이라고 할 수 있다.

튜링 테스트는 관계론적으로 파악하고자 하는 '기능주의'의 사고방식이다. 어떤 인풋에 대해 동일한 아웃풋을 내놓고 그 아웃풋을 내놓기 위한 마음 상태를 시스템 나름대로 하드웨어상의 프로그램으로 실현하고 있다면, 그 시스템을 구성하는 것이 뇌든 기계든 동일하다고 볼 수 있다는 사고방식이다(실험파일 5 참조).

반면 '행동주의'는 내적인 마음 상태는 따지지 않으며 인풋-아웃풋의 분석만으로 마음 연구가 가능하다는 입장이다. 또 마음은 뇌라는 특정 하드웨어에만 깃든다고 보는 것이 '물리주의'이다. 기능주의는 행동주의와 물리주의의 중간적인 입장이라고 할 수 있다.

'중국어 방' 사고실험

미국의 언어철학자 존 설(1932~)은 컴퓨터가 외견상 인간과 분간이 안되고 튜링 테스트에 합격한다고 해도 생각한다고는 할 수 없다고 주장했다. 그는 기능주의에 반대하면서 '중국어 방'이라는 사고실험(1980)을 통해서 강력하게 비판했다.

당신은 방에 갇혀 있다. 당신은 영어만 할 줄 알며 중국어는 전혀 알지 못한다. 방에는 창문이 한 개 있고 오직 이 창문을 통해 서면으로만 외부와 교신할 수 있다.

방 안에는 중국어의 간단한 기호를 담아놓은 상자가 있다. 그리고 중국어의 복잡한 기호를 간단한 기호로 만들어내는 규칙과 어떤 기호가 창문으로 들어오면 어떤 기호로 응답한다는 규칙을 영어로 설명한 매뉴얼이 놓여 있다.

방 바깥에는 중국인이 있고 중국어로 작성한 질문을 창문 안으로 집어넣는다. 방 안에 있는 당신은 그 질문의 의미를 모르고 무의미한 기호의 나열로밖에 생각되지 않지만 영어로 씌어 있는 매뉴얼을 참조하여 중국어 문자열을 만든 다음 창문을 통해서 바깥 세계로 내보낸다.

당신이 서면을 주고받는 일에 익숙해질수록 응답 속도가 충분히 빨라져서 바깥에 있는 중국인은 방 안에 있는 사람이 중국어를 할 줄 안다고 생각할 것이다. 또 방 전체를 중국어를 이해하고 있는 시스템이라고 판단할 것이다. 그리고 중국어 방은 튜링 테스트에 합격할 것이다. 방 안의 당신은 중국어를 하나도 모른 채 작업하고 있었을 뿐인데도 말이다.

설은 인공지능(AI) 연구를 두 가지로 분류한다.

> 강한 AI: 뇌는 디지털 컴퓨터나 다름없다. 마음은 컴퓨터 프로그램과 같다. 마음과 뇌의 관계는 프로그램과 하드웨어의 관계와 같다. 컴퓨터는 마음을 지닐 수 있고 이해할 수 있다.
>
> 약한 AI: 컴퓨터에 의한 시뮬레이션은 마음 연구에 도움이 된다.

설은 약한 AI에는 반대하지 않지만 강한 AI는 받아들일 수 없다고 주장한다. 그리고 컴퓨터도 중국어 방과 똑같아서 형식적 논리에 따라 움직일 뿐이며 스스로 이해해서 응답하고 있는 것은 아니라고 주장한다. CPU인 당신이 프로그램인 매뉴얼에 따라 작업하는 것은 문법처럼 정해진 규칙에 따르고 있을 뿐(통사론: syntax)이지 의미를 이해하는 것(의미론: semantics)은 아니라는 것이다.

통사론은 의미론을 창출해내는 데에는 불충분하다. 한편 컴퓨터 프로그램은 통사론으로 완전히 규정된다. 마음은 의미론적인 내용을 갖는다. 따라서 프로그램은 그 자체만으로 마음을 창출해내기에는 역부족이다. 이것이 설의 논지이다. 튜링 테스트에서 볼 수 있는 행동주의와 기능주의에 대한 반론이다.

'중국어 방'과 유사한 사고실험 중에 '중국 인민'이라는 사고실험도 있다. 중국 인민 한 사람 한 사람에게 뉴런의 역할을 맡긴다면 중국 인민 전체도 (한 사람 한 사람이 이해하고 있는 것과는 별개로) 영어를 이해하고 의식도 지닐 수 있는가 하는 문제 제기이다. 물론 그렇게 생각할 수는 없을 것이다.

철학자 네드 블록이 제기한 이 사고실험도 역시 기능주의에 반대한 것이다.

뇌세포 하나하나는 모국어를 이해하지 못해도

이에 맞서 기능주의를 내세우는 사람들이 펼친 재반론은 이렇다. CPU인 당신이 중국어를 몰라도 바깥 세계에서 보면 '중국어 방' 전체는 중국어에 제대로 대응하고 있으므로 중국어를 이해하고 있다고 볼 수 있다. 마찬가지로 당신의 뇌세포 하나하나는 모국어를 이해하지 못하지만 당신은 모국어를 이해하고 있지 않느냐 하는 주장이다.

설은 기능주의 측의 재반론에 대해서 이렇게 대답한다. '중국어 방' 전체가 대응하고 있다고 해도 CPU인 당신이 프로그램대로 움직일 뿐 의미를 이해하지 못한다면 전체로서도 의미를 이해하는 것은 불가능하다. '중국어 방'이 로봇이라고 가정했을 때 당신이 로봇의 조종석에 앉아 있고 전체로서의 로봇이 바깥 세계에 대해서 이치에 맞는(튜링 테스트에 합격하는) 행동을 했다고 하더라도 안에 갇혀 있는 당신은 수신되는 기호가 무엇을 의미하는지, 당신이 내보내는 기호가 로봇에게 어떤 동작을 일으키는지 따위를 전혀 감지할 수 없다. 즉, 당신은 당신이 다루고 있는 기호에 의미를 발견할 수 없는 것이다.

실상 이 논쟁은 흑백이 가려지지 않았다. 당신은 어떻게 생각하는가?

'마음이란 무엇인가'라는 어려운 질문

의미는 어디로부터 생겨나는 것일까? 또 CPU에 해당하는 존재가 이해했다고 느끼려면 무엇이 필요할까?

스티브 호킹과 공동 연구하고 비결정질의 펜로즈타일로 유명한 수리물리학자 로저 펜로즈(1931~)도 컴퓨터는 의식을 지닐 수 없다고 적극적으로 주장한다. 그는 컴퓨터가 결정론적으로 계산 가능한 것만 만들어낼 수 있으며 의식을 계산할 수는 없다고 간주하고 의식과 양자역학의 관계를 논한다. 그러나 이런 흐름은 극히 소수에 의해서만 이루어지는 실정이다. 아직까지는 초난문을 설명하기 위해 또 다른 초난문을 내세우는 느낌에서 벗어나지 못한 상황이다.

결론

'튜링 테스트'의 관점은 다음과 같다. 지성이 있는 것처럼 행동하고 외견상 인간과 구별되지 않는다면 어떤 하드웨어에 의해서 이루어지고 있든지 그 하드웨어는 지성이 있다고 봐도 좋다.

이를 비판한 것이 '중국어 방'을 비롯한 사고실험이다. 이 사고실험들도 지성이 있다고 여겨지고 튜링 테스트에 합격할 것 같은 시스템을 제시한 뒤 그 시스템이 도저히 의미를 이해하고 있지는 않을 것 같은 상황을 보여준다. 다만 이 논리는 주로 언어철학적 문제로서, 의식이 있다는 것은 무엇인가 하는 문제와는 별개의 것이다.

이 세계가 꿈이 아니라고 단언할 수 있는가?

영화 〈매트릭스〉의 가상현실

1999년에 히트한 SF영화 〈매트릭스〉에서 펼쳐지는 '매트릭스'의 세계는 컴퓨터가 만들어 인간들에게 보여주는 가상현실이다.

미래 세계에서 인류는 컴퓨터와의 전쟁에 패배한 결과, 태어나서 죽을 때까지 배양액이 들어 있는 캡슐에 갇힌 채 컴퓨터 에너지원으로 이용된다. 인간의 뇌 에너지를 효율적으로 이용하려면 뇌가 건강하게 활동하고 있어야 하기 때문에 컴퓨터는 캡슐 속 인간의 뇌에게 가상현실을 보여준다. 컴퓨터는 인간의 뇌가 현실로 착각하리만치 이치에 맞게 반응하는 한편 서로 다른 캡슐에 들어 있는 인간의 뇌가 동일한 가상현실 공간에서 함께 활동하도록 한다. 컴퓨터가 만들어낸 인물도 등장한다. 영화 후반에는 가상현실에서 탈출한 주인공이, 다른 인간들이 캡슐에 갇혀서 매트릭스 세계를 경험하고 있는 광경을 맞닥뜨리기도 한다.

영화의 속편에서는 현실 세계로 돌아온 인류 저항군들이 가상현실의 매트릭스 세계에 들어가 싸우기도 하고 현실 세계에서 전투를 벌이기도 한다.

영화가 그려낸 매트릭스 세계는 미국의 분석철학자 힐러리 퍼트넘(1926~)이 저서에서 밝힌 사고실험의 세계를 그대로 재현한 것이다.

'통 속의 뇌' 사고실험

1981년에 퍼트넘은 〈통 속의 뇌〉라는 논문(《이성 · 진리 · 역사》)에서 '마술적 지시이론'이라는 주장을 논박하기 위해 통 속의 뇌 사고실험을 제시했다.

마술적 지시이론이란 어떤 표현, 특히 이름과 그 이름이 가리키는 외적인 대상 사이에 필연적 · 본질적 연관 관계가 있다는 사고방식이다. 말하자면 누군가의 진짜 이름을 알아버리면 그 사람을 자유롭게 다룰 수 있다고 보는 것이다. 이를 반박하는 사고실험으로 '통 속의 뇌' 사고실험이 있다. 이 내용은 다음과 같다.

사고실험 Thought Experiment

당신은 사악한 과학자에게 납치당해 수술을 받고 말았다. 이제 당신의 뇌는 몸에서 분리되어 살아 있는 채로 배양액이 들어 있는 통에 담겨 있다.

당신의 뇌에서 뻗어 나온 뉴런은 고성능 컴퓨터에 연결되어 있다. 이 컴퓨터는 뉴런에 전기화학적 전류를 보내서 마치 당신이 평소와 다름없이 외부 세계를 지각하는 것처럼 인지하게 한다. 당신이 손을 올리려고 하면 컴퓨터가 뇌에 신호를 보내고 당신의 뇌는 당신이 지금 자신의 손이 올라가는 것을 바라보거나 느끼고 있다고 인식한다. 뇌 분리 수술을 당한 기억도 소거되었기 때문에 당신은 이런 상황을 알아차리지 못한다.

사악한 과학자가 자신을 제외한 모든 사람들을 수술해서 전부 통 속의 뇌가 되어버렸는지도 모른다. 당신이 친구와 대화를 나누는 것도 어쩌면 컴퓨터가 보여주는 환각에 불과할 수 있다.

당신이 통 속의 뇌가 아니라면 그것을 어떻게 알 수 있을까?

이 사고실험은 오래전부터 존재해온 회의론을 현대적으로 새롭게 서술한 것으로 널리 알려져 있다. 마술적 지시이론을 논박하고자 한, 퍼트넘이 원래 의도한 목적은 잊혔는데 이에 대해서는 나중에 언급하기로 한다.

데카르트의 '꿈의 논증'

고대 중국의 장자(BC369~BC286)가 쓴 〈호접몽〉에는 이런 이야기가 나온다. '나는 꿈에 나비가 되었다. 나비로 즐겁게 노닐다가 꿈에서 깨어났다. 그런데 내가 꿈에 나비가 되었던 것일까, 아니면 나비가 나로 변한 꿈을 꾸고 있는 것일까?'

예로부터 인간은 지금 눈앞에 있는, 자신이 속해 있고 경험하는 세계가 꿈일지도 모른다고 종종 의심하곤 했다. 그리고 만약 그렇다면 그 세계가 꿈인지 아닌지를 판별하는 방법은 없을지 고민했다. 이 물음에 대해 '구별할 수 있는 방법 따위는 없는 게 아닐까' 하는 것이 '회의론'의 관점이다.

물심이원론, 해석기하학, 역학적 세계관, 그리고 신의 존재증명으로 유명한 프랑스의 철학자 르네 데카르트(1596~1650)는 1641년에 출판한 저서 《성찰》에서 '방법적 회의론'을 전개했다. 우리가 무비판적으로 수용하는 선입관을 일단 모두 의심해본 다음 더 이상 의심할 것이 하나도 없는 상태에서 새롭게 출발한다는 주장이다. 그것이 '데카르트의 코기토'로 유명한 '생각하고 있는 나라는 존재만은 의심할 여지가 없다'는 것이다. 참고로 '나는 생각한다. 고로 존재한다'라는 문장은 1637년에 프랑스어로 발표한《방법서설》에서는 'je pense, donc je suis', 1644년에 라틴어로 펴낸《철학원리》에서는 'cogito ergo sum'이라고 쓰여졌다.

데카르트의 '방법적 회의를 위한 꿈의 논증'이라는 사고실험은 다음과 같다.

사고실험 Thought Experiment

사물을 보고 소리를 듣고 무언가를 만지는 등 외부 세계에 대한 감각적인 경험은 잘못 보거나 착각하는 수가 있기 때문에 지식을 얻는 수단으로 삼기에는 신뢰성이 부족하다. 이런 회의(懷疑)는, 어떤 감각은 믿을 수 없을지도 모른다는 회의이다.

그러면 범주를 훨씬 넓혀서, 모든 감각은 믿을 수 없다든지 혹은 더 나아가서 감각에 의한 것이 아닌, 마음속에 일어나는 일까지 믿을 수 없을지도 모른다는 회의는 어떨까?

나는 지금 난롯가에 앉아 있다. 겨울옷을 입고 있고 이 종이를 손에 들고 있다. 이런 일들은 어떨까? 나는 이런 내용의 꿈을 자주 꿔서 믿고 있다. 깨어 있을 때 팔을 뻗으면 그 감각이 확실히 느껴지지만 꿈속에서도 팔을 뻗으면 팔이 뻗어나가는 느낌이 든다. 내가 깨어 있는 것인지 꿈을 꾸고 있는 것인지를 구별할 수 있는 확실한 증거는 없을까?

많은 사람들이 자신이 꿈을 꾸고 있는 꿈을 꾼 적이 있다고 한다. 그렇다면 꿈에서 깨어났지만 깨어난 세계가 바로 꿈이고 거기서 다시 깨어나게 된다. 우리가 꿈속에 있는지 '현실' 세계에 있는지는 어떻게 하면 알 수 있을까? 흔히 뺨을 꼬집어서 아프면 꿈이 아니라고 한다. 그러나 '아프다'는 느낌 역시 꿈에서 일어나는 일일 수도 있지 않은가? 이런 의심이 끝없이 이어지기 때문에 결정적인 판별법이 될 수 없을 것이다.

2010년에 개봉한 영화 〈인셉션〉은 여러 사람들이 꿈을 공유하며 그 꿈에서 함께 활동할 수도 있다는 내용으로, 〈매트릭스〉와 유사한 세계를 다룬다. 〈인셉션〉에서는 꿈 속의 꿈, 또 그 꿈 속의 꿈이라는 여러 층위의 꿈 세계가 그려지는데 꿈인지 어떤지는 판정할 수 있는 것으로 나온다. 〈매트릭스〉에서도 주인공이 캡슐 속 배양액에 담겨 있는 인간을 발견하자 컴퓨터가 '이것이 현실 세계'라고 말하는 장면이 있는데 어쩌면 그것도 가상세계에서 일어난 일인지 알 수 없다.

여기까지 오면 외부 세계를 오해하는 차원을 넘어서 외부 세계라는 것이 있기나 할까 하는 의문마저 들게 된다. 모두 통 속의 뇌가 컴퓨터가 보여주는 대로 지각하고 있는 세계인 것인지도 모른다. 그리고 데카르트는 이러한 회의를 더욱 깊이 파고들어 간다.

데카르트의 '기만하는 신'

더이상 의심하려야 할 수 없이 확실한 것은 무엇일까? 물리학, 천문학처럼 경험으로 얻은 외부 세계에 관한 지식은 모두 설명이 안 될 것이다. 남은 것은 외적인 사물에 관해 경험적인 지식이 아닌 것, 예컨대 수학적인 지식이라면 틀릴 수가 없지 않을까? '2+3=5'라는 사실은 현실에서든 꿈 속에서든 변치 않는다. 사각형은 네 변을 갖는다는 것도 괜찮을 듯하다. 즉 경험에 의존하지 않은 선험적(a priori)인 지식은 의심하지 않아도 될 것 같다. 그러나 데카르트는 그렇지 않을지도 모른다고 주장한다.

전지전능한 신이 존재하여 언제나 나로 하여금 '2+3=5'가 참이라고 믿게 하거나 혹은 거짓이라고 생각하게 할 수도 있지 않을까? 데카르트는 이처럼 수학적 진리마저 의심할 수 있다고 보았다.

그렇더라도 더 이상 의심할 수 없이 확고부동하며 보편적인 것은 없을까? 그렇게 파고들어 간 끝에 남은 것이 이런 회의를 점점 증폭시키고 있는 나 자신이라는 존재이다. 내가 없으면 회의도 없다. 여기서 가리키는 '나'란 특정 이름과 기억과 역사를 지닌, 자신이라고 하는 감각을 지닌 '나'가 아니다. 어쨌든 뭔가를 생각하며 의심하고 있는 존재가 하나 있다는 것이다. 적어도 생각하는 행위가 이루어지고 있는 한 생각하고 있는 어떤 존재가 있다. 신에게 속고 있을지언정 속고 있는 존재가 있는 것이다!

데카르트는 이렇게 의심에 의심을 거듭한 끝에 마지막에 남은 '나'를 실마리로 삼아서 회의론을 극복하고자 세계의 지식을 구성해나갔다. 그러나 아쉽게도 반드시 성공에 이른 것 같지는 않다.

만약 거짓인 명제를 거짓이라고 분명하게 인지하는 것처럼 '기만하는 신(악마)'이 당신을 만들었다면 어떻게 할까? 데카르트는 기만자가 아닌 완전한 신이 존재하며 그 완전한 신이 나를 만들었다고 주장하기 위해 다양한 방식으로 신의 존재를 증명했다. 내 안에는 완전한 존재인 신의 관념이 있다. 이러한 관념이 있는 것은 완전한 신이 나를 창조할 때 그것을 내게 심어놓았기 때문이다. 따라서 신은 존재한다. 이런 식으로 그는 순환논법에 빠지고 말았다.

퍼트넘이 말하고자 한 것

'데카르트의 꿈의 논증'과 '기만하는 신'의 현대판이라고 부를 만한 통 속의 뇌 사고실험은 퍼트넘 자신의 말을 빌리자면 반드시 회의론이나 그것을 반박하기 위해서 내놓은 것은 아니다. 그의 의도는 통 속의 뇌 사고실험에서 당신이 통 속의 뇌라고 해서 곧바로 '나는 통 속의 뇌라고 말할 수 있을까' 하는 문제를 고찰하는 것이었다. 퍼트넘은 그럴 수 없다고 단언한다. 그런 주장은 자기논박이라는 것이다.

당신이 만약 통 속의 뇌라면 당신은 현실의 뇌를 본 적이 없는 셈이다. 당신이 가리키는 '뇌'란 컴퓨터가 당신에게 보여주고 있는 이미지에 불과하다. 따라서 당신은 '나는 컴퓨터가 보여주고 있는 통 이미지 속에 들어 있는 뇌 이미지다'라는 이야기가 된다. 당신이 일컫는 뇌라는 말은 현실의 뇌를 가리키는 게 아니라 당신에게 접속되어 있는 컴퓨터 프로그램 속의 뇌라는 이미지에 대응하는 무엇, 혹은 신경회로를 통해서 전해지는 전기화학적 전류를 지시한다. 이처럼 퍼트넘은 통 속의 뇌를 통해 '지시한다'는 것에 관한 논의를 한 것이다.

그런데 통 속의 뇌 사고실험은 원래 퍼트넘의 의도와는 다른 방식으로 쓰이기 시작해서 회의론의 한 가지 유형을 알기 쉽고 명쾌하게 제시하는 논법으로 확산되고 있다. 회의론을 극복하고자 할 때 논박해야 할 명쾌한 모델로서 도움이 된다고 할 수 있다.

'세계 5분 전 창조 가설' 사고실험

또 하나, 회의론에 관한 유명한 논쟁 가운데 영국의 철학자이자 논리학자인 버트런드 러셀(1872~1970)이 1921년 저서에서 밝힌 다음과 같은 사고실험이 있다.

사고실험 Thought Experiment

우리 세계는 바로 5분 전에 모든 것이 창조되었고 그 이전의 과거는 없었는지도 모른다. 러셀의 말을 빌리자면, 기억하고 있는

사건이 실제로는 일어나지 않았다고 해도 그러한 기억이 있다
는 믿음은 생길 수 있지 않을까? 더 분명하게 말해서 과거가 일
체 존재하지 않더라도 과거가 존재했다고 믿는 신념은 존재할
수 있지 않을까?

예를 들어 모든 사람들이 이 세계가 과거에 아무것도 존재하지
않았다고 기억하는 상태에서 바로 5분 전에 갑자기 현재의 모
습 그대로 완벽하게 창조되었다고 생각해볼 수는 없을까? 이런
가설도 논리적으로는 가능하다.

다른 시간에 발생한 사건 사이에는 어떠한 논리적·필연적 관
계도 없다. 그렇기 때문에 지금 계속 일어나고 있는 일과 미래
에 일어나게 될 일로 '세계는 5분 전에 시작했다'는 가설을 반
박할 수는 없다. 따라서 과거의 지식이라고 일컫는 사건은 과거
와는 논리적으로 독립한다. 그런 지식은 아무리 과거가 존재하
지 않았다고 해도 현실인 현재 세계에서 일어나고 있는 일과 정
합(整合)하는 것이다!

이 사고실험도 회의론의 알기 쉬운 예로 자주 인용된다. 우리에
게는 5분 전보다 더 과거의 기억이 있다. 어제 어떠어떠하게 행동
했다는 기억도 있다. 게다가 어제의 기억은 내 것뿐 아니라 어제 만

난 친구의 기억과 대개 일치할 테고 신문에 실려 있는 사건과도 일치할 것이다. 그러나 그 기억이 실은 창조주에 의해 마치 과거가 계속 있어온 것처럼 주입되어 만들어진 것이고, 세계는 5분 전에 시작했는지도 모른다.

그것에 대해 물증이 있느냐고 반론하기는 어렵다. 고문서 같은 것은 그렇게 쓴 것을 준비했을 뿐이고 용지나 잉크도 오래된 것을 사용해서 실은 5분 전에 앞뒤가 들어맞게 갖춰놓은 것일 수도 있다. 화석이라든가 석유, 지질학적 증거 따위는 어떨까? 우주는 수십억 년도 더 이전에 시작되어 성운과 혹성계가 생성되지 않았던가? 하지만 이에 대한 증명도 마치 수억 년, 수십억 년에 걸쳐 진화해왔다고 인간이 믿게끔 창조주가 5분 전에 만들어냈는지도 모른다.

오랜 옛날부터 있어온 세계든 바로 5분 전에 앞뒤가 맞아떨어지게 창조된 세계든 이후의 역사는 똑같아져서 구별할 수 없을 것이다.

물리주의 관점에서 말하자면 마음은 물질의 상태이므로 물질이 5분 전에 아주 오랜 옛날부터 면면히 이어져온 세계와 같은 상태로 생성되었다면 기억이나 감정, 질감 따위가 모두 같아질 것이다. 창조주가 당신으로 하여금 과거가 있었다고 믿게 하듯이 과거의 증거와 함께 당신을 포함한 전 인류와 전 세계를 창조한 셈이므로.

세계는 6천 년 전에 창조되었다? - 창조과학

사고실험이 아닌 현실에서 이러한 가설을 주장하는 사람들도 있다. 미국에서 '창조과학'을 부르짖는 이들이다.

창조과학의 목적은 성서가 생물의 진화에 관해 기술한 내용을 옹호하며 다윈의 진화론을 반대하는 것이다. 성서에는 약 6천 년 전에 7일 동안 천지가 창조되었다고 기록되어 있다. 또 신이 만물을 창조하였으며 진화란 있을 수 없다고 한다. 생물이 적자생존에 의해 변화한다는 진화론의 주장은 성서 기술을 정반대로 거스르는 셈이다. 다윈이 (또 한 사람의 발견자인 월리스와 동시에) 진화론을 발표했을 때 그의 주장은 세상에 받아들여지지 않았다. 진화론이 그렇게 주장하지 않았는데도 '우리는 원숭이의 자손이 아니다'라는 식으로 비난받았다. 그러나 나중에 유럽에서는 과학의 주장은 신앙의 문제와는 별개라고 간주되기 시작했고 성서 기술은 비유적인 이야기라고도 받아들여지게 되었다.

그런데 청교도의 자손에 의해 건국된 미국은 같은 기독교도라고 해도 원리주의가 뿌리 깊으며 성서에 기술된 내용을 모두 진실이라고 믿는 종파가 큰 세력을 갖고 있다. 그 때문에 미국에서는 진화론이 좀처럼 받아들여지지 않았고 '진화론을 학교에서 가르쳐서는 안 된다'는 소송이 제기되어 재판이 벌어진 적도 있다. 이런 경향은 20

세기에 계속되었고 21세기인 현재에도 '인텔리전트 디자인'이라고 개명하여 세력을 유지하고 있다. '창조과학'이라고 부르는 이유는 진화론과 심리학을 비롯한 과학을 성서원리주의에 대해 상대화하기 위해서이다. '신의 뜻'이라는 말을 쓰지 않고 대학원을 설립하는 등 제도 측면에서도 '과학'의 일원임을 자처하며 과학이라는 같은 토양 위에 서서 진화론과 겨루겠다는 것이다.

지구가 6천 년 전에 창조되었다고 주장하는 창조과학의 관점에 따르면 수억 년 전에 생물의 사체가 변해서 형성된 석탄이나 화석 따위가 출토되는 퇴적 지층에 관해서도 6천 년 동안 순식간에 만들어진 것이라고 설명하지 않을 수 없다. 실제로 창조과학 측은 '당신이 마치 6천 년보다 더 오래된 일이 존재하는 증거가 있다고 주장하고 싶어 하는 상태일 뿐 세계는 6천 년 전에 창조되었다'고 단언한다. 이는 '세계 5분 전 창조 가설'과 똑같은 주장이다.

일단 의심하기 시작하면 한 가지 의혹이 풀려도 금세 또 다른 의혹이 꼬리를 물고 일어난다. 하지만 이것만큼은 확실하다고 말할 수 있는 것은 정말 없을까?

당신은 꿈 세계에 있는지도 모르고 미친 과학자의 나쁜 계략에 빠져 통속의 뇌가 되고 말았는지도 모른다. 그런 의심을 배제할 수 없다. 의심을 떨칠 만한 이유를 찾아내도 그렇게 의심을 떨쳐버릴 만한 근거까지 아울러서 당신을 둘러싼 세계가 만들어진 것인지도 모른다.

생물은 수만 년이나 되는 역사를 지니며 어제 일어난 사건은 실제로 있었던 일이라고 아무리 이야기해도 당신이 그렇게 믿는 증거와 당신을 둘러싸고 있는 세계는 방금 전 신이 창조한 것에 불과하다고, 회의론자는 반박할 것이다.

회의론을 논박한다는 것은 이처럼 절망적이다. 그것을 알기 쉽게 보여주는 것이 이 장에서 소개한 사고실험이다. 그러나 회의론은 비생산적이기에 데카르트는 전향적으로 살아가는 근거로 삼기 위해 방법적 회의를 강구해낸 것이다.

우주는 왜 기적적으로
인류 탄생과 맞아떨어졌을까?

'호수의 물고기' 사고실험

캐나다의 철학자 존 레슬리는 다음과 같은 흥미로운 사고실험 (1996)을 생각해냈다. 이것은 물리학자와 철학자들의 우주에 관한 논쟁 중에 비유로서 제시되었다.

사고실험 Thought Experiment

당신은 물이 탁한 호수에 길이가 23.2576cm인 물고기가 서식 한다는 사실을 알고 있다. 당신은 방금 그 물고기를 낚아서 치수를 재던 참이었기 때문이다. 이때 당신은 호수에 23.2576cm 짜리 물고기가 서식한다는 것에 대해서 어떤 설명이 필요하다고 느낄까? 대개 그럴 이유는 없다고 생각할 것이다. 물고기마다 어떤 값의 몸길이가 있기 마련이기 때문이다.

그러나 다음 순간 당신의 낚시 도구가 그야말로 23.2576cm 플러스마이너스 100만 분의 1cm인 물고기밖에 낚을 수 없는 사양임을 알게 된다. 이는 대단한 우연의 일치이자 참으로 신기한 일이다. 물고기가 아주 조금만 더 크거나 작더라도 당신은 물고기를 낚을 수 없었다. 이 기적적인 일치가 제대로 설명되지 않는다면 왠지 기분이 개운치 않을 것 같다.

이에 대한 설명으로 두 가지 선택지를 생각할 수 있다.

하나는, 호수에는 다양한 크기의 물고기들이 아주 많이 살고 있는데 그중에서 우연히 당신의 낚시 도구 사양과 일치하는 크기의 물고기가 낚인 것이다.

다른 하나는, 은혜로운 신이 당신을 어여삐 여겨서 바로 당신의 특수한 도구로 낚을 수 있는 물고기들만 호수에 풀어놓았기 때문이다.

'신이 등장하는 설명은 좀 논리적이지 못하다'고 생각하는 사람이 있을 것이다. 그런데 실은 이 '호수의 물고기' 사고실험은 우리의 우주는 왜 인류 탄생에 아주 적합한 조건을 갖추었을까 하는 의문을 설명하는 '인류지향원리'를 비유적으로 이야기한 것이다.

그것에 대해 고찰하기에 앞서 먼저 우리의 우주가 인류가 발생하는 데 기적적으로 잘 맞아떨어지도록 만들어져 있다는 사실부터 살펴보기로 하자.

기적적인 '우주의 미세 조정'

아인슈타인의 일반상대성이론을 일식을 이용한 태양의 중력렌즈효과로 검증한 영국의 천문학자 아서 에딩턴(1882~1944)은 '거대수 가설'이라는 것을 내놓았다. 그것은 물리학과 천문학·우주론에 보이는 물리정수들 사이에 기묘한 일치나 단순한 연관이 있다는 가설이다. 그는 전 우주의 전자 수, 전자와 양자의 질량비, 양자-전자 간 전기력과 중력의 비율, 우주의 팽창속도와 광속도의 비율 등을 검토하던 중에 이 가설을 생각해냈다. 그의 주장은 고대 그리스의 철학자 피타고라스의 '우주는 수의 조화로 이루어져 있다'는 수비술(數秘術)적 사고의 재현과 유사한 것으로 받아들여졌고 이 때문에 그는 만년에 평판을 떨어뜨리고 말았다. 그러나 다른 학자들도 이와 유사한 주장을 했다.

　독일의 수리물리학자이며 철학자인 헤르만 와일도 10의 40제곱이라는 거대수가 물리학의 여러 곳에 등장한다고 1919년에 이미 주장했다. 또한 저명한 철학자인 버트런드 러셀도 비슷한 논의를 한 바 있다. 그리고 양자역학 건설자 중 한 사람인 천재물리학자 폴 디랙도 같은 맥락의 주장을 펼쳤다.

　이처럼 우주와 물리법칙에 관한 기본적인 수치가 기묘하게도 일치한다는 주장에서 한 발 더 나아간 주제가 등장했다. 만약 이렇게 기묘한 일치가 없었더라면 우리의 우주는 어떻게 되었을까 하는 연구가 진행된 것이다.

　먼저 전자의 전하와 만유인력정수, 플랑크상수라는 양자역학의 기본 정수 등의 물리정수 값이 실제 값과 아주 근소하게 달랐다고 가정했다. 그리고 그 가정 아래서 원자가 안정적으로 존재할 수 있는지 여부를 계산했다. 그랬더니 안정된 원소, 항성, 혹성, 생물권이 가능한 것은 기적이라고 일컬을 정도로 물리정수 값의 절묘한 '설정'에 의한다는 사실이 판명되었다. 만약 물리정수 값이 조금이라도 달랐더라면 우리의 우주와는 완전히 다르고 지적 생명체 따위는 태어날 수조차 없는 우주가 되었으리라고 밝혀진 것이다.

　이 기적의 일치를 '우주의 미세 조정'이라고 한다. 미세 조정이란 정수 값이 정밀하게 조정된다는 뜻이다. 우주는 우리 인류에게 지나치다 싶을 정도로 너무나 절묘하게 잘 만들어져 있다. 만약 조금이라도 어긋나 있었더라면 인류는 존재하지 않았으리라고 생각하니 무서울 따름이다. 어떻게 이런 기적이 되풀이해서 일어났을까? 대체 누가 무엇을 위해서? 당신은 어떻게 생각하는가?

'인류지향원리'로 신의 등장을 피할 수 있을까?

우리의 우주는 인류 탄생에 너무나 절묘하게 맞아떨어지는 조건을 갖추고 있다. 지금과 같은 환경 조건이 아니라면 인간은 존재할 수 없다. 이 기적적인 미세 조정은 앞의 '호수의 물고기' 사고실험에서 보았듯이 신이 우주 창세에 즈음해서 인류가 태어날 수 있도록 마련해준 것이라고 볼 수도 있다. 그러나 '신'을 앞세워 과학을 설명하고 싶지는 않은 법이다. 영국의 우주론학자이자 물리학자인 브랜든 카터는 과학자로서 신을 등장시키지 않기 위해 발상을 전환해 '인류지향원리'(1974)를 내놓았다. 그 취지는 다음과 같다.

사고실험 Thought Experiment

지적 생명체가 발생할 수 없는 조건을 지닌 우주는 아무에게도
관측되지 않는다. 이처럼 미세 조정이 되어 있지 않은 우주는

관측되는 일이 결코 없으므로 존재하지 않는 것이나 다름없다. 우주는 그 역사의 어딘가에 관측자(지적 생명체)의 발생을 허용하는 것이어야 한다. 즉 우리 인류가 존재하고 있는 이상, 필연적으로 이 우주는 미세하게 조정되고 있다!

주장의 강약이나 온도차는 다양하지만 스티븐 호킹, 존 휠러, 프레드 호일, 존 폴킹혼 등 많은 우주론학자들이 이러한 입장을 취한다. 그러나 인류지향원리는 당연한 것을 서술하고 있을 뿐 하나도 새로운 내용을 담고 있지 않다는 비판도 자주 받는다. 다윈의 진화론이 '자연도태와 적자생존이란 생존 능력이 있는 존재가 살아남아서 발견되고 있다고 서술한 것에 불과하다. 논리학에서 일컫는 동어반복이다'라고 비판받은 것과 유사하다.

'다우주'론으로 기적을 설명한다

인류지향원리에 입각한 우주관이란 무엇일까? 인간의 존재를 허락하는 우주만 관측된다고 단정하면 그것으로 깨끗이 해결될까? 또 하나의 논리적 가능성이 있는데 바로 '다우주'이다.

다우주란 세계에는 우주가 많이 있다는 사고방식이다. 우주가 유니버스(universe)인데 대해 다우주는 멀티(많은) 버스(multiverse)라고 한다. 많이 있는 우주는 약간씩 물리정수 값이 달라서 그중에 인류 탄생에 적합한 것이 하나쯤 있다고 해도 이상하지 않다. 따라서 그 인류 탄생에 딱 들어맞는 우주가 바로 우리의 우주이며 실제로 우리 인류가 진화해서 문명을 탄생시켰다는 주장이다. 한편으로 그 밖에 대부분의 우주는 관측자인 지적 생명체를 만들어내지 않기 때문에 존재하지 않는 것과 다름없는 셈이다. 그렇게 생각하면 이상함이 해소되지 않을까?

실은 앞에서 소개한 레슬리의 호수의 물고기 사고실험은 카터의 인류지향원리를 옹호하기 위해 나온 것이다. 다양한 크기의 물고기는 각각의 물리정수를 지닌 우주에 대응한다. 당신의 낚시 도구에 낚일 조건이란 당신이라는 지적 생명체가 존재할 수 있는 조건이된다. 레슬리는 '관찰에 의한 선택 효과(관측선택효과)'라는 개념을 강조함으로써 기적의 불가사의함이 훨씬 줄어든다고 주장했다.

관찰에 의한 선택 효과란, 전화로 하는 설문 조사는 전화를 소유한 부유층의 의견에 치우친다든지 광학망원경에 의한 천체관측은 지구에서 봤을 때 밝게 보이는 별에 치우친 데이터밖에 얻을 수 없는 것처럼 관측자와 관측 장치의 성질에 의해서 얻어지는 데이터에 편중이 생기는 것을 지칭한다.

우주 이야기로 다시 돌아가 보자. 우주의 물리정수 값과 우주는 왜 그렇게 되어 있을까 골똘히 생각하는 인간이라는 관측자의 성질이 맞물리는 '관찰에 의한 선택 효과'에 의해서 조건이 맞지 않는 우주는 관측되지 않고 관측되는 우주는 필연적으로 잘 맞아떨어진다고 하는 편중이 발생하는 것이다. 이를 정리하면 다음과 같다.

사고실험 Thought Experiment

관찰 사실로서 우리의 우주는 미세 조정이 이루어지고 있다.

↓

이 미세 조정은 거의 불가능한 기적적인 사태이다.

↓

이 경이로운 사태는 설명되어야 한다.

↓

다우주가설이 참이면 미세 조정의 신비가 풀린다.

↓

따라서 우리는 다우주가설을 받아들일 만한 합리적인 이유가 있다.

이러한 논법은 현실의 증거를 열거하여 가설을 검증해나가는 귀납법과는 다르며 가설 형성적 추론이라고 한다. 이상한 명제를 앞에 놓고 '만약 ○○이라면 이것은 이상하지 않다. 따라서 아무리 이상하게 보여도 ○○인 것이다'라고 주장하는 억지 추론법이다.

인류에게 관측되지 않았던 우주(낚이지 않았던 물고기)를 생각한다는 것은 물리정수 값이 다른 수많은 우주 집단을 상정한다는 뜻이다. 그렇다면 그런 다른 우주가 될 만한 후보에는 어떤 것이 있을까?

물리학에서 보면 당장 후보에 올릴 만한 것이 양자역학의 다세계 해석이다. 이는 양자역학의 코펜하겐 해석에 맞서 파속(波束, wave packet)의 수축이 없는 양자역학을 고찰한 것으로, 측정할 때마다 가능한 몇몇의 측정결과에 대응하는 다른 세계로 제각기 갈라져 나간다는 사고방식이다('EPR 역설과 벨 부등식(실험파일 20)'), ('슈뢰딩거의 고양이와 위그너의 친구(실험파일 19)' 참조). 실은 이들도 우주론에서 출발한 것이다.

그러나 양자역학적 다세계와 인류지향원리는 엄연히 다른 개념이다. 인류지향원리의 다우주는 인간 현실의 물리법칙에 반하는 세계도 다루지만 양자역학의 다세계 해석은 물리법칙에 따른 세계만을 고찰한다는 큰 차이가 있다.

'평범성의 원리'와 '인류 종말 논법'

일반적으로 철학에서는 다양한 논의에서 상정 가능한 '가능세계'로서 다세계, 다우주가 등장한다. 이들 논의 중 하나인 '평범성의 원리'를 살펴보자.

평범성의 원리란 이른바 '코페르니쿠스 원리'를 일반화한 것으로 '우주 안에서 태양이나 지구는 특별하지 않다. 태양계에서 일어나고 있는 일은 다른 곳에서도 일어나고 있다'는 관점이다. 예컨대 '이 논의를 하고 있는 나는 '전형적'인 인물이다' 혹은 '나는 평범할 확률이 높다' 같은 것이다. 나만은 예외라든지 특수하다고 처음부터 가정하는 것은 오류를 범할 확률이 높다. 그 밖에 별다른 정보가 없으면 나는 평범하다고 가정하는 것이 무난하다는 주장이다.

또 '인류 종말 논법'이란 현재까지 태어난 인류 수를 추측하여 미래에 태어날 모든 인류의 수를 예측하는 통계학적인 논법으로 내용을 요약하면 다음과 같다. 이것도 역시 카터가 처음으로 제시하고 레슬리가 이를 옹호하는 주장을 펼쳤다.

사고실험 Thought Experiment

① 인류 문명은 앞으로 수천 년이나 계속될 것이다.

② 그런데 사실은 인구가 급증하고 있다.

③ 그렇다면 우리는 인류사의 매우 초기에 있는 셈이다. 왜냐하면 인류 발생으로부터 수천 년 후 언젠가 멸망의 날까지 긴 역사가 있다고 가정할 때, 현재 인류는 태어난 사람 수를 기준으로 보면 지수함수적인 폭발적 인구증가 과정에서 역사의 중간이 아닌 처음에 가까운 지점에 있기 때문이다.

④ 이것은 평범성의 원리에 반한다.

⑤ 따라서 ①의 가정은 오류일 것이다. 결국 앞으로 인류가 계속되리라고 생각하기 어렵다.

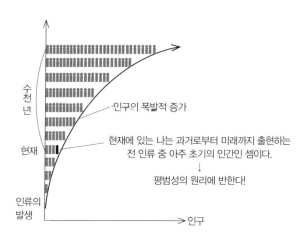

'인류지향원리'나 '다우주'에 대해서는 문제를 단순히 바꾸어 말한 것에 불과하다는 비판이 내내 쏟아진다. 그런 한편으로 우주론에서는 인류지향원리에 동조하는 연구자가 많은 것도 사실이다. 어느 쪽이 옳은지는 결론이 나지 않았지만 적어도 '다세계' 구도는 무엇이 가능한지, 무엇이 있을 수 있는지를 논할 때 커다란 실마리를 제공한다.

'잠자는 미녀 문제' 사고실험

인류지향원리나 다세계이론은 확률이란 무엇인가를 고찰할 때에도 자주 이용된다.

여러 가지 다른 결과가 일어날 수 있는 상황에서 각 결과의 확률을 따져본다고 하자. 그 확률값이란 다수로 존재하는 세계에 대해서 문제로 삼는 결과에 일치하는 세계의 비율을 가리킨다.

이러한 확률 해석과 평가, 그리고 정보란 무엇인가를 둘러싸고 최근에 벌어진 논쟁에 '잠자는 미녀 문제'라는 사고실험이 있다. 이것은 철학자 애덤 엘가가 2000년에 내놓은 사고실험인데 여기서는 내용을 좀 더 사실적으로 고쳐서 소개한다.

당신은 송년회에서 술을 너무 많이 마셔서 취해버렸다. 집에 가려면 전철을 타야 하는데 A역에서 출발해서 아홉 번째 역인 종점 J역에서 내리면 된다.

당신은 A역에서 출발하는 전철을 타자마자 잠이 들고 말았다. A역을 출발하는 전철에는 두 종류가 있는데, 다음 역인 B역까지만 가는 것과 종점인 J역까지 가는 것이다. 술에 취한 사람이 어느 한 쪽을 탈 확률은 각각 1/2이다.

당신은 역에 도착할 때마다 철로 이음매의 진동 때문에 잠이 깬다. 그리고 어떤 질문을 받고나면 다시 잠들어버린다. 당신은 각 역에서 일어날 때마다 전역에서 받은 질문을 기억하지 못하기 때문에 정차한 역이 어느 역인지 알 수 없다.

지, 당신은 첫 번째 정차역인 B역에서 잠이 깼지만 물론 그 사실을 모른다. 거기서 두 개의 질문을 받는다.

＊질문1 당신은 B역행과 J역행 중 어느 한쪽에 타고 있다. 이 전철은 B역행이라고 생각하는가?

＊질문2 여기는 B역이다. 그렇다면 이 전철이 B역행일 가능성은 얼마나 될까?

＊질문1에 대한 답은 크게 두 가지가 있다.

① B역행일 확률은 1/2이다【계열설(전철의 종류 수가 기준)】

질문의 전제로부터 봤을 때 어느 쪽 전철을 타든 확률은 1/2이다. 당신이 전철을 타고 잠이 들었다가 깨어난 다음에도 어떤 새로운 정보도 얻지 않았다. 정보를 얻지 않았다는 것은 확률도 변하지 않았다는 뜻이므로 1/2의 확률이다.

즉 'A→B'와 'A→B→C→D→E→F→G→H→I→J'라는 2개의 계열에 동일한 권리를 부여하는 방식이다. 인과적으로 어느 쪽 전철을 탄다는 원인이 있고 그에 따라 어느 역에서 깨어나는 결과가 발생한다는 관점이다. 어느 계열이었나 하는 것이 가설이고 잠에서 깨어난 역은 어디냐는 것이 관측되는 데이터라고 볼 수도 있다.

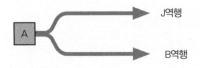

J역행

B역행

이 확률은 각각 1/2이고 이후에 얻는 새로운 정보는 없다.

② B역행일 확률은 1/10이다【눈뜸설(잠에서 깨어나는 횟수가 기준)】

당신이 잠에서 깨어나 질문을 받기 시작하는, 질문1이 이루어지는 상황은 몇 가지 경우가 있을까?

B역행 전철을 타고 B역에서 잠이 깬다. J역행을 타고 B역에서 깨어나 질문을 받는다. J역행을 타고 B역에서 깨어나 질문을 받은 다음 다시 잠들었다가 B역에서 깼어났었다는 사실을 까맣게 잊은 채 C역에서 다시 깨어난다. 그리고 질문을 받는다. ……이런 식으로 하면 B역행일 때 1회, J역행일 때 9회로 모두 10회의 경우가 있다. 잠에서 깨는 경험을 하고 있는 당신은 이 10회의 경우를 전혀 구별하지 못하며 똑같은 가능성이 있다고 생각한다. 그중 B역행일 경우의 수는 1이다. 이처럼 각각의 눈뜸에 똑같은 비중을 두면 B역행일 확률은 1/10이다.

이것은 J역행 전철을 타고 깨어나는 것이 평범하므로 이쪽일 가능성이 높다는 '평범성의 원리'에서 보고 있는 셈이다.

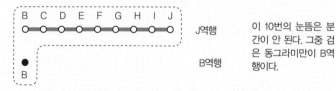

J역행

B역행

이 10번의 눈뜸은 분간이 안 된다. 그중 검은 동그라미만이 B역행이다.

★그러면 질문2에 대해서는 어떻게 될까?

'여기는 B역'이라고 알려지는 순간, 이곳이 B역 이후의 역일 가능성은 사라진다.

① 질문1에 대해 확률이 1/2이라고 답한 사람은 9/10가 된다【계열설】

우선 B역행을 탔을 확률은 1/2이고 그때 B역일 확률은 1로써 반드시 일어나므로 B역이라는 것을 알았을 때 B역행일 확률은 다음과 같다.

$$\frac{1}{2} \times 1 = \frac{1}{2}$$

또 J역행일 확률도 1/2인데 J역행을 타고서 B역에서 깨어났을 확률은 이렇게 된다.

$$\frac{1}{2} \times \frac{1}{9} = \frac{1}{18}$$

따라서 B역이라고 알게 된 지금, 이 두 경우가 일어날 확률은 1/2과 1/18을 더한 10/18이다.

따라서 구할 확률은 10/18 중 B역행인 1/2이 차지하는 비율인 9/10라는 계산이 나온다.

이 계산은 뒤에 '세 명의 죄수 문제(실험파일 10)'에서 소개하는 '베이즈 정리'에 따른 것이다.(166페이지 참조)

② 질문1에 대해 확률이 1/10이라고 답한 사람은 1/2이 된다【눈뜸설】

왜냐하면 지금 깨어나 있는 상태에서 가능한 경우는 B역행을 타고 B역에 와있거나 J역행을 타고 B역에 정차중인 어느 한 쪽이다. 질문1에서는 B역행을 타고 깨어나는 1개의 경우와, J역행을 타고서 깨어나는 9개의 경우를 합한 10개의 경우가 대등하게 가능했다. 그것이 '여기는 B역'이라는 정보 때문에 J역행일 때 C역 이후인 8개의 경우의 가능성이 사라졌다.

나머지 2개가 대등하게 남은 가능성이고 단순히 그 어느 쪽이냐를 구하는 것이므로 확률은 1/2이 된다.

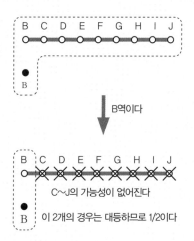

		계열설	눈뜸설
B역행일 확률	질문1	$\frac{1}{2}$	$\frac{1}{10}$
	질문2	$\frac{9}{10}$	$\frac{1}{2}$

여기에 서술한 내용 말고도 다양한 견해가 있다. 그것은 확률을 어떻게 해석하느냐에 따라 다르고 정보를 얻는다는 것은 무엇인가 하는 수수께끼와도 관련된 문제이다. 이 사고실험에 나오는 각각의 눈뜸을 다우주 속의 어떤 우주(그 우주의 우주 개벽에서 우주의 종말까지)에 대응시키면 다우주와 확률 해석이라는 문제와 연관을 갖게 된다.

엘가가 '잠자는 미녀 문제'라고 이름붙인 실험은 위 사고실험의 '당신'이 잠자는 미녀(Sleeping Beauty)이고, '두 개의 전철 가운데 어느 쪽에 탄다'는 설정은 '일요일 밤에 동전 던지기를 한 결과에 따라 월요일 아침에 실험실의 잠자는 미녀를 깨워 질문하고 거기서 실험을 끝내거나 월요일, 화요일 하는 식으로 주말까지 계속 반복한다. 그리고 실험실의 잠자는 미녀를 깨울 때마다 기억을 지운다'는 내용으로 되어 있다.

──────────── **결론** ────────────

인류지향원리는 기적적인 행운의 배후에 불행과 행운도 포함해서 수많은 가능성의 세계를 상정한다. 우리가 차지할 수 있는 행운은 평범하고 다양한 세계 중에서 그야말로 관측선택효과에 입각해서 뽑힌 것에 지나지 않는지도 모른다.

세계에서 일어나는 일이 비결정론적임을 받아들이려면 배후에 그러했을지도 모르는 다수의 가능 세계를 상정해야 한다. 자기 자신이 등장하는 명제의 확률을 가늠하기 위해서는 그런 가능 세계의 집단 중에서 어느 것과 어느 것이 대등한 가능성을 갖느냐가 대문제가 된다.

어려움이 있다면 그것은 새로운 사상에 있는 것이 아니라 정신의 구석 구석까지 물들어 있는 낡은 사상으로부터 벗어나는 데 있다.

– 존 메이너드 케인스

《고용 이자 및 화폐에 관한 일반이론》(1936)

— PART —

3

확률과 가능성의 논리를
탐구하다!

수학 · 논리의 사고실험

기적이 그렇게
계속될 리 없다?

도박과 확률론의 끈끈한 관계

확률론은 17세기 슈발리에 드 메레라는 도박사가 철학자이자 수
학자인 블레즈 파스칼에게 던진 질문이 발단이 되어 파스칼과 피에
르 드 페르마(페르마의 최종정리로 유명한 수학자)가 서신을 주고받으며
논의한 데서 시작되었다(150페이지 COLUMN 참조).

확률론과 도박은 떼려야 뗄 수 없는 관계에 있다. 난수를 사용해
서 함수의 값을 확률적으로 계산하는 알고리즘을 카지노의 도시인
'몬테카를로'의 이름을 따서 몬테카를로 방법이라고 부를 정도이니

말이다.

그러면 카지노에 가서 룰렛을 해보자. 단 룰렛에 걸 돈이 없으니 사고실험으로 해보자.

'도박사의 오류' 사고실험

당신은 룰렛을 하려고 한다. 룰렛은 빨강의 1~36번과 검정의 1~36번, 그리고 0과 00(이것은 딜러가 가져가는 몫)이 칸칸이 매겨져 있다. 여기서는 간단히 하기 위해서 0과 00은 없는 것으로 한다. 그리고 이번 도박에서는 특정한 숫자에 거는 것이 아니고 빨강 혹은 검정에 걸기로 한다.

당신이 가만히 구경하고 있는데 빨강이 아홉 번 연달아 나오는 게 아닌가. 빨강과 검정이 나올 확률은 각각 1/2이므로 이것은 매우 드문 경우다. 그런 일이 일어날 확률은 1/2의 9제곱, 즉 약 1/500이다.

이제, 당신은 다음 번 도박에 참가하기로 했다. 그리고 이렇게 생각했다. '이번에도 빨강이 나오면 열 번 연속으로 빨강이 나오게 된다. 이것은 1/2의 10제곱, 즉 약 1/1000의 기적이 일어

난다는 이야기이다. 그런 일은 일어날 리 없을 것이다. 그러니 검정에 걸어야겠다.'

한편 이런 생각도 들었다. '빨강과 검정 중 어느 쪽이 특별히 더 나오기 쉬운 것은 아닐 것이다. 그런데도 여태껏 빨강이 너무 많이 나오고 있다. 균형이 맞으려면 이제 슬슬 검정이 나와야 마땅하다. 그러니 검정에 거는 게 낫겠다.'

이런 생각은 타당할까?

전자는 단순히 드문 경우는 일어날 리 없다고 보는 착각이며 오류이다. 확률은 드물게 일어나는 사건이든 그 외의 사건이든 가능한 경우의 확률을 전부 더해서 1이 되도록 정의되어 있다. 확률값은 그 1이라는 값에 대한 비율이다. 확률이 낮다고 해서 일어나지 않는 것은 아니다. 확률이 높은 사건도 따지고 보면 확률이 낮고 드문 사건들의 합이라고 볼 수 있다. 포커에서 로열 스트레이트 플러시가 나오는 경우가 기적적이라고 해서 그것이 불가능한 것은 아니다. 다섯 장의 카드가 만들 수 있는 조합은 모두 똑같이 드물고 그 모든 경우의 확률이 합해져서 1이 된다. 다만 특정한 경우에 가치를 부여하기 때문에 다른 수많은 경우들이 무가치한 것으로 한데 묶여서 그 무가치한 경우의 확률이 높아질 뿐이다.

그렇다면 후자의 추론은 어떨까? 이것도 착각이다. 룰렛에 기억이란 없다. 확률론에서는 이처럼 이전의 사건이나 다른 사건에 영향 받지 않는 사건을 '독립시행'이라고 한다. 지금까지 일어난 결과가 다음에 나올 눈금에 영향을 미치는 일은 없다. 더구나 빨강과 검정이 균형을 맞춰가면서 나오지도 않는다. 분명 룰렛을 아주 많이 해나가면 빨강과 검정이 나올 횟수는 1 대 1에 영원히 가까워질 것이다. 확률론의 '대수법칙(大數法則)'이란 이를 가리키는 말이다. 그러나 그것은 무한횟수로 룰렛을 계속했을 경우의 이야기이다. 신이 여태 빨강을 너무 많이 낸 것을 보충하려고 다음에는 검정이 나오게 해서 고정된 유한횟수 안에서 균형을 취하는 따위의 일은 없다.

다음 번에 빨강 혹은 검정이 나올 확률은 언제나 각각 1/2이다. 여기서 나타나는 착각을 '도박사의 오류'라고 한다.

미래의 견해를 바꾸다
─베이즈 추론과 라플라스의 계승 규칙

도박사의 오류라는 착각은 어디까지나 속임수가 없음을 전제로 한다. 만약 조금이라도 사기라는 의심이 든다면 어떨까? 보통 통계학에서도 '동전의 앞면과 뒷면이 나올 확률은 반반'이라고 전제한

다음 동전을 여러 번 던져서 80%의 확률로 앞면이 나왔다면 그 전제는 틀렸다고 간주하고 '동전이 어느 한쪽으로 기울어져 있다'고 결론 내릴 것이다.

한편 똑같은 현상이라고 해도 베이즈 통계학·베이즈 추론의 방식은 다른 해석을 내린다. 현재의 사건이 미래의 확률을 변화시킨다는 것이다(166페이지 COLUMN 참조).

프랑스혁명기의 수학자이자 물리학자인 피에르 시몽 라플라스는 베이즈 정리에 근거한 계산으로 이른바 '라플라스의 계승 규칙(Laplace's rule of succession)'을 이끌어냈다(《확률에 대한 철학적 시론》). 이를 간단히 정리하면 다음과 같다.

> 어떤 현상 E가 일어날 확률은 일정하긴 하지만 알려져 있지 않다고 한다. 각각의 시행은 독립적이라고 한다. n회의 시행 중 E가 s회 일어났다고 하자. 이때 다음의 n+1회째 시행에서 E가 일어날 확률은 $\dfrac{s+1}{n+2}$ 이다.

동전을 던지기 전에 동전이 어느 쪽으로도 기울어져 있지 않고 '앞면과 뒷면이 각각 1/2'의 확률이라고 생각했던 경우도, 이 규칙에 따르면 처음에 앞면이 나왔다면 n도 s도 1이므로 두 번째 던질 때는 2/3의 확률로 앞면이 나오리라고 예상되는 것이다. 앞면이 나왔다는 증거 때문에 앞면이 나오기 쉬울 것이라고 판단이 바뀐 셈이다.

이처럼 베이즈 추론에서는 처음의 결과에 의해서 두 번째 시행 확률이 변한다. 베이즈 추론은 참된 확률값이 고정되어 있긴 하지만 추론하는 사람의 확률에 대한 평가치(주관적인 확률 또는 믿음의 정도)를 고정하지 않는 것이 일반적인 통계학과 다른 점이다. 베이즈 정리는 〈실험파일 10〉에서 자세히 다룬다.

'역(逆) 도박사의 오류' 사고실험

철학자 이언 해킹(1936~)은 '도박사의 오류'처럼 미래에 대한 착각과는 반대로 과거에 일어난 것에 대한 확률적인 추론에서 범하기 쉬운 오류를 논의했다(〈역 도박사의 오류: 휠러의 우수에 대한 인류지향원리〉, 1987년 논문).

사고실험 Thought Experiment

당신은 라스베이거스 호텔에 도착해서 짐을 풀고 잠시 휴식을 취한 다음 카지노에 갔다. 우연히 룰렛을 구경하게 되었는데 당신이 오고부터 아홉 번 잇달아 빨강이 나오는 게 아닌가? 당신은 이렇게 생각한다.

'지금 룰렛이 시작되었다고 하면 아홉 번 연속으로 빨강이 나올 확률은 약 1/500인데, 이것은 거의 기적이나 다름없다. 하지만 이렇게 생각해보면 별로 기적적인 일이 아닐 수도 있다. 룰렛은 이미 꽤 오래전부터 하고 있었고 몇만 번이나 계속되던 참이다. 그런 와중에 아홉 번 연달아 빨강이 나온 것이라면 그다지 이상하지 않다.'

이 생각은 옳을까?

이 추론도 도박사의 오류와 마찬가지로 틀렸다. 도박사의 오류가 '과거 사건이 앞으로 일어나는 사건에 영향을 미친다'고 생각한 점에서 오류였다면, 역 도박사의 오류는 '현재의 아주 드문 경우를 설명하기 위해 과거를 꿰맞추려고 하는' 잘못된 추론이다. 지금 1/500의 확률로 일어나는 사건은 과거에 같은 일이 몇 번 일어났든 상관없이 1/500의 확률로 일어난다.

독립시행에서는 현재 일어나고 있는 현상이 과거의 시행에 대한 기대치를 변화시키는 경우는 없다. 마음대로 과거를 정할 수는 없는 것이다.

기적이 우연이 아닌 필연이었다면

이제 사고실험의 설정을 조금 바꾸어보자.

당신은 라스베이거스 호텔에 도착해서 일단 조금 쉬어야겠다고 생각하다가 잠이 들고 말았다. 얼마나 시간이 지났는지 모르지만 프런트를 통해서 카지노에 먼저 가 있던 친구로부터 와달라는 연락을 받았다. 카지노에 갔더니 룰렛에서 아홉 번 연속으로 빨강이 나오는 기적적인 상황이 벌어지고 있었다. 당신의 친구가 아까부터 룰렛을 지켜보고 있었는데 아홉 번 연달아 빨강이 나오면 당신을 부르기로 마음먹고 있었다고 한다.

이제, 도박사의 오류일 때와 같은 질문이다. 룰렛은 이미 몇만 번이나 계속 진행되고 있었을까, 아니면 방금 시작한 것일까? 어느 쪽일 가능성이 높을까?

이 경우는 과거에 아주 많이 일어나고 있었을 가능성이 높다. 당신은 빨강이 아홉 번 계속되는 기적적인 사건을 우연히 목격한 것이 아니다. 빨강이 아홉 번 계속되는 사건이 일어났을 때에만 호출

된다. 당신이 부름을 받는다는 것은 필연적으로 빨강이 아홉 번 나오는 사건을 목격한다는 뜻이다. 도박사의 오류에서는, 당신이 빨강이 연속해서 아홉 번 나오는 상황을 목격한 것은 우연이었다. 그러나 이번에는 반드시 그 상황을 경험한다.

친구는 아홉 번 연달아 빨강이 나와서 당신을 부를 이유가 생길 때까지 기다리고 있었던 것이다. 아홉 번 계속해서 빨강이 나오는 상황이 이전에 있고 나서 지금 때마침 아홉 번 연속으로 빨강이 나오기까지, 친구는 몇만 번이나 기다렸을까, 아니면 바로 전부터 숫자를 세기 시작했을까?

정답은 바로 전이 아니라 한참 전부터 룰렛이 계속되고 있었을 가능성이 높다. 지금 막 시작했다면 확률은 1/500이지만, 오래전부터 룰렛이 계속되고 있었다면 빨강이 아홉 번 연달아 나오는 사건은 거의 확실하게 일어난다. 즉 친구로부터 부름을 받고 여기에는 어떤 전제 조건(빨강이 아홉 번 연속으로 나오면 당신을 부른다)이 따른다는 정보에 의해서 빨강이 아홉 번 계속 나오는 상황이 발생할 확률은 1/500에서 거의 1까지 높아진 셈이다.

원숭이의 셰익스피어 쓰기는 기적인가-관측선택효과

원숭이가 의미 없이 타자기를 두드리고 있다고 해도 몇만 년이고 계속하다 보면 언젠가는 우연히 셰익스피어의 소네트 한 구절 정도는 쓸 수 있을지도 모른다. 아래의 사고실험을 살펴보자.

당신은 동물원의 원숭이 우리 앞을 지나다가 눈앞의 원숭이가 타자기로 소네트를 치고 있는 믿기 힘든 광경을 발견했다. 원숭이는 오래전부터 타자기를 치고 있었을까, 아니면 이제 막 치기 시작한 참일까? 당신은 어느 쪽에 걸 텐가?

어느 날 당신이 원숭이 우리 앞에 갔는데 원숭이가 소네트를 치고 있었다면 이는 기적이다. 원숭이가 지금 막 타자기를 치기 시작했는지 오래전부터 치고 있었는지는 알 수 없다. 그러나 동물원 사육담당자가 '원숭이가 소네트를 치기 시작하면 대단한 발견이니 전문가를 불러야지' 하고 마음먹고 있었고 그 때문에 동물행동학자인 당신이 불려온 것이라면 원숭이는 거의 확실하게 계속 타자기를 치고 있었던 것이다.

이처럼 어떤 현상이 관측될 때 그것을 관측하는 관측자의 성질과 능력 또는 관점에 따라서, 그리고 어떻게 관측되었나 하는 경위에 따라서 관측 결과에 필연적인 편중이 발생하는 것을 '관측선택효과'라고 한다. 쉽게 말해서, 한때 전화가 부자의 전유물이던 시절에 전화 여론조사를 하면 부유층의 의견만을 듣게 되어 부유층에 치우친 조사 결과가 나오는 식이다.

원숭이가 셰익스피어 작품을 쓰는 예에서는, 관측자인 당신이 보통시민으로서 우연히 원숭이 우리에 갔다가 발견하느냐, 아니면 동물행동학자로서 원숭이의 기이한 행동이 관찰되면 반드시 보고받기로 되어 있느냐에 따라 관측 결과의 의미가 달라진다.

철학자인 레슬리(117페이지 참조)와 물리학자 카터(121페이지 참조)는 이 관측선택효과(인류지향원리)의 개념을 써서 우리의 우주가 인류 탄생에 알맞은 우주 상수를 이루고 있는 이유를 논했다. 즉 그들은 우리 우주를 물리적으로 측정할 수 있는 지적 생명체인 인류가 바로 이 우주에 존재하기 때문이며 우주 상수가 맞아떨어지지 않는 우주는 비록 존재한다고 해도 거기서는 관측자가 발생할 수 없기 때문에 없는 것이나 다름없다고 주장했다.

결론

확률론은 도박에 대한 고찰에서 탄생했다. 현대 사회에서 보험, 금융, 사고, 정치 등 불확실성에 바탕을 둔 의사결정은 일상생활도 포함해서 모두 도박이라고 볼 수도 있다.

실제로 불확실성을 계산해야 하는 상황에서 우리는 확률의 성질을 자주 오해하곤 한다. 그중에서도 특히 이해하기 어려운 것이 독립시행이다. 이것은 '무작위'에 대한 오해라고 할 수도 있다.

이 장의 사고실험에서 보았듯이 기대치에 다가간다는 것은 시행을 무한히 계속하면 결과적으로 그 값에 가까워진다는 뜻이다. 현재에서 미래로 갈수록 그 값이 되게 하기 위해서 과거의 편중을 바로잡는 일이 일어나는 것은 아니다.

드 메레의 의문

'주사위를 던져서 6의 눈금이 나오게 하는 내기를 한다. 경험으로 미루어 한 개의 주사위를 4회 던져서 그중 한 번이라도 6의 눈금이 나올 확률은 절반보다 많다. 한편 두 개의 주사위를 동시에 던질 때 24회 계속 던져서 두 개 모두 6의 눈금이 나오게 하는 것은 주사위를 한 개 던질 때보다 어렵다. 하지만 확률은 같지 않던가? 그런데도 실제로 두 개의 주사위를 던지면 내기에 지고 만다.'

이것이 도박사 드 메레의 의문이었다. 드 메레는 다음과 같이 추론한 것 같다.

'주사위를 1회 던져서 6의 눈금이 나올 확률은 $\frac{1}{6}$ 이다. 4회 던지면 그 4배이므로 $\frac{4}{6} = \frac{2}{3}$ 가 된다. 한편 두 개의 주사위를 던져서 동시에 같은 수의 눈금이 나올 확률은 $\frac{1}{36}$ 이다. 이것을 24회 반복해서 던지면 역시 그 24배인 $\frac{24}{36} = \frac{2}{3}$ 가 되므로, 한 개의 주사위로 내기할 때와 확률이 같다.'

수학자 페르마는 이 물음에 대해 다음과 같은 답을 내놓았다.

'1회 던져서 6의 눈금이 나오지 않을 확률은

150

$$1 - \frac{1}{6} = \frac{5}{6}$$

이다. 이것을 4제곱한 $\left(\frac{5}{6}\right)^4$ 이 4회 던져서 한 번도 6의 눈금이 나오지 않을 확률이다. 그 반대의 경우, 즉 6의 눈금이 1회라도 나올 확률은

$$1 - \left(\frac{5}{6}\right)^4 = 0.5177469$$

이다. 한편 주사위 2개로 하는 내기에서는 두 눈금의 조합 36가지 중 둘 다 6인 눈금이 나오지 않을 확률 (35/36)을 근거로 계산하면

$$1 - \left(\frac{35}{36}\right)^{24} = 0.4914139$$

가 된다.'

　드 메레는 경험적으로는 아주 작은 차이를 느끼고 있었나. 그러나 그는 확률을 계산할 때, 서로 영향을 미치지 않는 '독립 시행인 각각의 주사위 던지기'에서 그 연속된 전체에 대한 확률은 1회 던져서 눈금이 나올 '확률값의 곱셈이 된다'는 것을 올바르게 이해하지 못했다.

어느 쪽이 유리한지 따져보자!

몬티홀 딜레마

미국에서 30년 이상 계속된 TV 게임 프로그램에 '거래해봅시다 (Let's make a deal)'라는 코너가 있었다. 이 프로그램의 사회자인 몬티 홀의 이름에서 따온 게임이 '몬티홀 딜레마'라는 확률 문제다.

사고실험 Thought Experiment

프로그램 참가자인 당신 앞에 세 개의 문이 있다. 그중 한 개의 문을 열면 고급 자동차가 있고, 나머지 두 곳에는 염소가 있다.

당신은 자동차를 맞추기 위해 한 개의 문을 고른다. 세 개의 문 A, B, C 중 A를 골랐다고 하자. 그러자 사회자 몬티홀이 "B, C 는 당신에게 선택되지 않은 문입니다. 세 개의 문 가운데 하나 가 자동차이니 B와 C 중 적어도 어느 하나는 염소입니다. 당신 이 고르지 않은 이 둘 중 하나를 열어봅시다"라고 하면서 C를 열었다. 그랬더니 다행히 염소가 있었다. 사실 이 사회자는 정 답을 미리 알고 있어서 반드시 염소가 있는 문을 열게 되어 있 다. 어쨌든 남은 A, B 중 어느 한 쪽이 자동차일 것이다.

이때 사회자가 "자동차는 A 혹은 B에 있겠지요. 당신은 A를 골 랐지만 B로 바꾸셔도 좋습니다"라고 말한다. 선택을 바꾸는 것 과 바꾸지 않는 것 중 어느 쪽이 유리할까?

몬티홀의 말을 듣고 선택을 바꾸어야 할까?

당신도 프로그램 참가자가 되었다고 생각해보자. 당신이 고르는 세 개의 문 가운데 한 곳에 자동차가 있을 확률은 1/3이다. 사회자가 문 C를 열었으니 A와 B 두 개의 문이 남았다. 그때까지의 과정이야 어찌 됐든 이 상황만을 놓고 보면 어느 쪽이 당첨일지는 알 수 없으니 확률은 1/2씩이라는 느낌도 든다. 그렇다면 선택을 바꾸든지 바꾸지 않든지 득실의 차이는 없을 것이다.

다른 의견도 가능하다. 당신이 고른 문 A는 원래 1/3만큼의 당첨 확률을 갖고 있었다. 그리고 사회자가 문을 여는 행위는 문 C의 당첨 확률 1/3을 '확률 1의 꽝'으로 변화시킨 셈이다. 그러나 'B와 C 중 어딘가에 염소가 들어 있다'는 것은 사회자가 문을 열기 전부터 이미 알고 있었던 사실이다. 따라서 당신이 선택한 문 A가 당첨이냐 아니냐에 대해서는 어떤 새로운 정보도 얻은 것이 없는 셈이다. 정보를 얻지 않았으니 당첨 예측도 변하지 않으므로 문 A의 당첨 확률은 원래의 1/3에서 달라지지 않았을 것이다. C가 당첨될 가능성이 사라진 지금 남은 것은 A와 B 둘뿐인데, A가 당첨이 아닐 확률, 즉 B가 당첨일 확률은 모든 경우의 수 중 어느 쪽이든 일어날 확률값 1에서 A가 당첨일 확률을 뺀 값이 된다. 따라서 1 - 1/3=2/3가 문 B가 당첨일 확률이다. 이렇게 따져보면 확률은 1/3과 2/3이므로 문 B로 선택을 바꾸는 것이 유리해 보인다.

하지만 당신은 정말로 문 A에 대해 아무런 정보도 얻지 않은 것일까?

주부 마릴린의 견해

당신은 어느 쪽의 추론이 옳다고 생각하는가? 혹은 또 다른 의견이 있는가? 대부분의 사람들은 처음에 선택한 문 A를 바꾸지 않는다고 한다. 그 이유는 앞에 놓인 문이 두 개이므로 확률은 각각 1/2이라는, 전자의 추론을 따르기 때문일 것이다. 따라서 선택을 바꾸어도 확률의 득실은 같지만 사회자의 이야기에 현혹되어 다른 마음을 품었다가 실패한다고 생각하면 왠지 속상하지만 처음 선택한 대로 실행하면 결과적으로 실패하더라도 덜 속상할 것 같다는 설명이 많았다.

이 '몬티홀 딜레마'('세 개의 문 문제'라고도 한다)는 1990년에 〈퍼레이드〉라는 잡지에서 IQ 228인 미국의 주부 마릴린이 맡고 있는 '마릴린에게 물어보세요'라는 칼럼에서 다루고 나서 유명해졌다. 마릴린은 '베이즈 정리'(166페이지 COLUMN 참조)와 일치하는 것이 정답이라고 했다. 즉 A에서 B로 선택을 바꾸는 것이 유리하다는 견해였다. 문 B의 당첨 확률은 2/3이고 A의 당첨 확률은 1/3이라는 것이다.

마릴린의 칼럼이 잡지에 실리자 대학교수와 수학자로부터 마릴린을 향한 중상비방의 광풍이 휘몰아쳤다. 이것은 사회적으로도 큰 문제가 되어 〈뉴욕타임즈〉에서 논쟁이 벌어졌다. 그 뒤 〈스켑티컬 인콰이어〉라는 의사과학적인 미신을 비판하는 잡지에서도 논쟁이 이어졌다. 마침내 1992년에 수학퍼즐과 의사과학 비판으로 유명한 마틴 가드너가 베이즈 풀이가 맞는다는 논문을 발표하면서 몬티홀 논쟁은 일단락되었다.

'세 명의 죄수 문제' 사고실험

실은 이 '몬티홀 딜레마'는 미국의 소동에 앞서서 1980년대부터 이치카와 신이치를 비롯한 일본의 인지심리학자들이 연구하고 있던 주제였다. 연구의 목적은 확률을 이해하는 방식, 확률 계산 방법 등을 찾아내기 위한 것으로 그들은 몬티홀 딜레마에 해당하는 '세 명의 죄수 문제'를 파헤쳤다. 그러면 '세 명의 죄수 문제'의 사고실험을 살펴보자.

세 명의 죄수 A, B, C가 있다. 한 사람만 왕의 은혜로 사면되고 나머지 두 명은 처형된다. 간수는 누가 풀려나는지 알고 있다. 죄수 A가 간수에게 "적어도 B나 C 중 하나는 반드시 사형일 테지요. 두 사람 중 누가 처형되는지 알려주어도 나에 대한 정보는 알려주지 않은 셈이니 누가 처형되는지 가르쳐 주시오" 하고 부탁했다. 그러자 간수는 C가 처형된다고 알려주었다. 단, 간수는 거짓말을 하지 않으며 또 B와 C가 모두 처형되는 경우에는 확률 1/2로 어느 한 사람의 이름을 답한다고 한다. 이로써 죄수 A가 처형될 확률은 줄었을까?

두 명은 처형되고 한 명은 풀려난다

간수의 대답으로 처형될 확률이 줄어들었을까?

몬티홀 딜레마와 구조적으로는 같은 상황이다. 이처럼 수학적으로 같은 구조를 띠는 문제를 '동형문제(同型問題)'라고 한다.

다만 세 명의 죄수 문제에서는 B, C 두 명 모두 처형되는 경우(몬티홀 딜레마에서는 처음에 선택한 문 A가 당첨일 확률)에 간수가 어떠어떠하게 한다는 조건이 좀 더 자세히 설명되어 있다. 이것을 우도(尤度: likelihood) 조건이라고 하는데 결과에 영향을 미치는 중요한 역할을 한다. 이 조건이 정해지지 않으면 어느 쪽이 유리하다고는 말할 수 없다.

몬티홀에서는 사회자가 B와 C 중 어느 쪽을 열어 보이느냐 판단하는 데 있어서 아무 조건도 언급되어 있지 않다. 문 A에 염소가 있다면 나머지 두 개의 문 중 어느 하나에 자동차가 있을 것이므로 염소가 있는 다른 쪽 문을 연다고 사회자의 행동이 정해져 있다. 그러나 문 A에 자동차가 있다면 B와 C는 모두 염소이므로 그중 어느 쪽을 연다는 규칙이 있어야 한다. 사회자가 어느 쪽을 열지 판단이 서지 않아서 1/2의 확률로써 B나 C를 연다면 세 명의 죄수 문제와 동형문제가 된다. 이 확률이 우도이다. 더 깊이 생각해보면 우도도 프로그램 참가자인 당신으로 하여금 추측하게 하기 위한 의도라고 볼 수도 있다.

만약 몬티홀 딜레마에서 사회자도 어느 문이 당첨일지 모르고 문을 열었는데 자동차가 있다면 게임이 끝난다고 규칙을 바꾸면 이야기는 완전히 달라진다.

어쨌든 세 명의 죄수 문제에서도 베이즈 정리에 따른 '베이즈 풀이'는 다음과 같다.

죄수 A는, 간수로부터 'C는 처형된다'고 들은 뒤에도 자신이 풀려날 확률은 1/3→1/3로 변하지 않는다. 한편 간수의 이야기에 따르면 처형될지 여부를 모르는 채 남아 있는 죄수 B가 풀려날 확률은 1/3 → 2/3로 증가한다.

이렇게 보면 어쩐지 풀려난다고 하는 1/3만큼의 '복'이 처형당하게 된 죄수 C를 떠나 죄수 B로 옮겨 붙은 것 같다. 간수의 이야기는 A와 상관없는 죄수의 처형에 관한 것이어서 A의 생사와 관련된 정보가 아니라고 생각하면 A 자신의 복은 변하지 않은 셈이므로 C가 갖고 있던 복이 갈 곳은 B밖에 없는 것이다.

과연 이러한 복의 보존 계산이 성립할까? 그리고 간수의 이야기는 정말로 A 자신의 사면에 관한 정보를 내포하고 있지 않은 것일까? 우연히 상반되는 효과가 상쇄되어 변화 없음, 정보 없음으로 비쳐졌을 뿐인지도 모른다. 이를 검증하기 위해 사고실험의 변수를 약간 고쳐보자.

'변형 세 명의 죄수 문제'의 사고실험

세 명의 죄수 문제의 베이즈 풀이보다 이해하기 어려운 상황이 있을 수 있다. 원래의 문제에서 A:1/3 B:1/3 C:1/3이라는 풀려날 사전 확률을 A: 1/4 B: 1/2 C: 1/4로 바꾸어본다. 즉 죄수 B가 A나 C보다 왕의 마음에 들었다는 설정이다. 간수가 대답하는 우도는 원래의 문제에서와 같이 B: 1/2 C: 1/2로 한다. 이것을 '변형 세 명의 죄수 문제'라고 부른다.

베이즈 정리에 따르면 '변형 세 명의 죄수 문제'에서 'C가 처형된다'는 간수의 이야기를 들은 다음 A가 풀려날 사후확률은 감소한다.

$$A의 \ 사면확률 : \ \frac{1}{4} \rightarrow \frac{1}{5}$$

위와 같이 된다. 죄수 A에게는 슬퍼해야 할 상황이다. 사면 경쟁에서 C가 탈락했으니 그가 갖고 있던 복은 A나 B에게 옮겨진다고 볼 수 있을 것이다. 그렇다면 적어도 A의 사면확률은 줄지 않아야 한다. 그런데도 베이즈 풀이에서는 감소하고 말았다. 베이즈 풀이는 이해하기가 좀 어렵지만 약한 경쟁 상대가 탈락하고 강적이 남아버렸다고 보면 될지도 모르겠다.

간수의 이야기는 정보의 가치가 없기 때문에 자신에 관한 확률은 변하지 않는다고 생각하면 원래의 문제에서와 마찬가지로

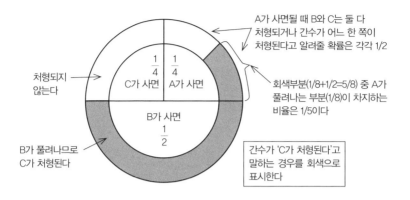

A가 사면될 때 B와 C는 둘 다
처형되거나 간수가 어느 한 쪽이
처형된다고 알려줄 확률은 각각 1/2

처형되지
않는다

$\frac{1}{4}$
C가 사면

$\frac{1}{4}$
A가 사면

B가 사면
$\frac{1}{2}$

회색부분(1/8+1/2=5/8) 중 A가
풀려나는 부분(1/8)이 차지하는
비율은 1/50이다

B가 풀려나므로
C가 처형된다

간수가 'C가 처형된다'고
말하는 경우를 회색으로
표시한다

A의 사면확률: $\dfrac{1}{4} \rightarrow \dfrac{1}{4}$

이 되어야 하는데 말이다.

다른 견해로서 C의 사면확률 1/4이 각 죄수가 원래 갖고 있던 사면확률의 비율에 따라 배분된다면 어떻게 될까? 원래 각자 지닌 사면될 경향에 따라 '복'을 배분하는 것이다(정치철학에서 일컫는 '배분적 정의'와 상통한다). 간수의 이야기가 있은 다음 사면될 가능성이 있는 사람은 A와 B이다. 이들의 사면확률 비율은 사면확률이 1/4과 1/2이었으므로 1 : 2이다. 그러면 C가 갖고 있던 사면확률 1/4을 A와 B에게 1 : 2로 비례 배분하면 다음과 같이 계산된다.

A의 사면확률: $\dfrac{1}{4} \rightarrow \dfrac{1}{3}$

또 다른 견해로는 무슨 일이 있든지, 경위가 어떻든지 눈앞에 놓인 두 개의 선택지 중 어느 쪽인지 알 수 없다고 생각하면

A의 사면확률: $\frac{1}{4} \rightarrow \frac{1}{2}$

이 될 것이다.

이처럼 원래의 세 명의 죄수 문제일 때보다 훨씬 다양한 답이 나올 수 있다.

'세 명의 죄수 문제'를 나라면 어떻게 답할까

사람은 '세 명의 죄수 문제'와 같은 상황에 어떻게 반응할까? 이를 알아보기 위해, 다수의 참가자에게 자신이 당사자라면 어떻게 행동할까 답하게 하는 것을 '심리실험'이라고 한다. 세 명의 죄수 문제를 내놓은 이치카와 신이치와 시모조 신스케가 진행한 심리실험에서는 매우 흥미로운 결과가 나왔다.

변형 세 명의 죄수 문제에서 A가 간수의 말을 듣고 나서 풀려나는 사후확률에 대해 31명의 참가자는 다음과 같이 답했다.

1/3: 20명, 1/4: 5명, 베이즈 풀이인 1/5: 1명, 기타: 2명

또 선입관을 심어주지 않기 위해 질문에 '정보는 제공하고 있지 않은 셈이므로' 따위의 문구를 넣지 않고 실시한 심리실험에서는 54명의 참가자가 다음과 같이 답했다.

1/2: 6명, 1/3: 29명, 1/4: 10명, 베이즈 풀이인 1/5: 1명,

기타: 8명

아무래도 베이즈 풀이는 사람들이 수긍하기 어려운 경향이 있는 듯하다.

확률은 기분에 좌우된다?
−주관적 확률해석과 객관적 확률해석

'몬티홀 딜레마'와 '세 명의 죄수 문제'가 동형문제라고는 하지만 큰 차이점도 있다. 그것은 확률을 해석하는 관점에 관한 것으로 확률을 어느 사건이 일어나는 신념의 정도라고 보는 주관적 확률해석과 물리적인 상대빈도라고 보는 객관적 확률해석의 차이다. 이 확률의 두 가지 측면은 확실하게 가를 수 있는 것이 아니고 서로 보충하는 면도 있기에 '야누스의 두 얼굴'로 비유되곤 한다. 참고로 야누스란 앞뒤로 두 개의 얼굴을 지닌 신으로 영어로 1월을 가리키는 January의 어원이기도 하다. 가는 해와 오는 해의 양쪽을 바라보고 있다는 뜻이다.

몬티홀 딜레마는 주관적 해석과 객관적 해석이 모두 가능하다. 세 명의 죄수 문제는 의견이 다를 수 있지만 주관적 해석으로 다루어야 한다. 객관적 해석은 문제와 똑같은 상황이 반복적으로 일어나는 가운데서 여러 번 통계를 취해서 상대빈도를 따져보는 것이다. 이에 반해 주관적 해석은 단 한 번만 발생하는 상황하의 결단에 관계된 확률도 다룰 수 있다.

몬티홀 딜레마와 세 명의 죄수 문제를 수학적으로 풀어낸 베이즈 정리는 말 그대로 주관적 확률해석, 즉 신념의 정도를 계산하는 정리이다. 세 명의 죄수 문제는 일생에 한 번 일어나는 상황에 관한 추론이다. 당연히 '살아날까'라는 신념의 정도를 다루게 된다. 다시 말해서 다음 한 번의 선택으로 결과가 어떻게 될 것인가 하는 문제이다.

끝으로 몬티홀 딜레마를 세 개의 문이 아니라 100개의 문이라고 하면 어떻게 될지 생각해보자.

어떤 문도 당첨일 확률은 1/100이다. 당신은 한 개의 문을 선택한다. 그러면 사회자가 남은 99개의 문 가운데 꽝인 문을 한 개 연다. 사회자는 이것을 98번 반복한다. 그렇게 해서 처음에 당신이 선택한 문 한 개와 98개의 문을 열고 마지막에 남은 문 x의 두 개가 남게 되었다. 이때 어느 쪽이 당첨일 확률이 높을까?

이렇게 바꾸어보면 문 x가 당첨일 확률이 훨씬 커서 굳이 베이즈 정리에 기대지 않더라도 선택을 바꾸는 게 유리하다는 것을 당신은 직감적으로 알 수 있다. 사회자는 98개의 문을 무작위로 열고 있는 것이 아니다. 그는 당첨될 문을 열 수는 없기에 문 x를 열기를 피하고 있는 것이다. 당신이 참가자라고 가정하고 생각해보자.

베이즈 풀이는 수긍하기 어려운 점이 많지만 사고실험의 설정을 바꾸어보면 정답률이 매우 높아질 수 있다는 것을 알 수 있다.

몬티홀 딜레마는 확률이 과정에 따라 달라질 수 있음을 문제제기한 것으로 확률 해석 문제의 좋은 제재가 되었다.

결론

'몬티홀 딜레마'는 확률 예측에 있어서 베이스 정리에 의한 추론을 이해하는 어려움을 연구하기 위해 심리학 분야에서 자주 활용되어온 제재이다. 사고실험의 변수 설정을 다양하게 바꾸어보면서 확률의 크고 작음에 관해 주관적으로 느끼는 경향을 탐구한다. 또 사고실험의 무대를 완전히 다른 세계로 어떻게 바꾸면 알기 쉬워질까 하는 '제재 효과'의 연구대상이기도 하다. 한편 철학적 문제로는 한 번밖에 일어나지 않는 사건에 대한 확률해석이라고 하는 대문제에 관계되는 재료이기도 하다.

베이즈 정리

주머니 1과 주머니 2가 있다. 주머니 1에는 30개의 빨간 구슬과 70개의 흰 구슬이 들어있고 주머니 2에는 70개의 빨간 구슬과 30개의 흰 구슬이 들어있다. 당신은 눈을 감고 어느 한 쪽의 주머니를 잡았다. 그리고 나서 그 주머니에서 1개의 구슬을 꺼냈더니 그것은 빨간 구슬이었다.

이때 당신이 잡은 주머니는 주머니 1이었을까 아니면 주머니 2였을까? 당연히 주머니 2일 가능성이 높을 것이다. 주머니 1에서 빨간 구슬이 나올 확률은 30/100이지만 주머니 2는 70/100의 확률이기 때문이다.

이 같은 추론을 정량화하는 것이 18세기에 영국의 목사 토머스 베이

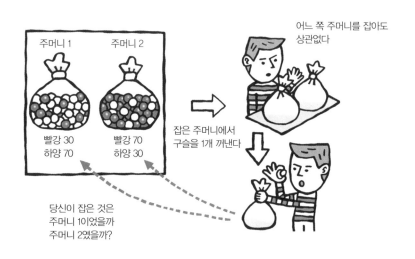

'베이즈 정리'에서는 얻어진 데이터로부터 원인을 추론한다.

즈가 발견하고 프랑스의 수학자 피에르 시몽 라플라스가 일반화한 '베이즈 정리'이다. 위 사례에서 볼 때 어느 구슬이 나왔는지를 '데이터', 어느 쪽 주머니였는지를 '가설'이라고 한다. 이것은 얻어진 데이터로부터 그 데이터가 나오는 원인을 추론하는, 이른바 결과로부터 원인의 확률을 추론하는 형식이며 '확률의 역산법'이라고 부르기도 한다.

참고로 베이즈 정리의 공식은 다음과 같다.

$$p(B|A) = \frac{p(A|B)\,p(B)}{p(A)}$$

|의 오른쪽이 조건이고 왼쪽이 그 조건 아래서 일어나는 사건을 가리킨다. 즉 p(B|A)는 '사건 A일 때 B가 될 확률'이다.

그러면 앞의 사례를 다시 살펴보자. 임의로 잡은 주머니가 주머니 1 혹은 주머니 2일 확률은 각각 1/2이므로 다음과 같다.

$$p(주머니\ 1) = \frac{1}{2}\ ,\ \ p(주머니\ 2) = \frac{1}{2}$$

이를 '사전확률'이라고 한다. 즉 어느 주머니를 잡았을까 하는 가설, 그리고 원인의 확률이다. 그 다음에 원인의 결과로서 데이터가 얻어진다. 어느 원인이었다면 어떤 결과가 되는가를 우도 혹은 조건부 확률이라고 한다.

$$p(\text{빨간 구슬} \mid \text{주머니 1}) = \frac{30}{100}, \quad p(\text{흰 구슬} \mid \text{주머니 1}) = \frac{70}{100}$$

$$p(\text{빨간 구슬} \mid \text{주머니 2}) = \frac{70}{100}, \quad p(\text{흰 구슬} \mid \text{주머니 2}) = \frac{30}{100}$$

이 된다. 이때 빨강이 나왔다는 데이터를 근거로 해서 그것이 주머니 2에서 나왔다는 가설의 확률은 베이즈 정리에 의해

$$p(\text{주머니 2}|\text{빨간 구슬}) =$$

$$\frac{p(\text{빨간 구슬} \mid \text{주머니 2})\,p(\text{주머니 2})}{p(\text{빨간 구슬} \mid \text{주머니 1})\,p(\text{주머니 1}) + p(\text{빨간 구슬} \mid \text{주머니 2})\,p(\text{주머니 2})}$$

로 계산된다. 수치를 넣어서 계산하면 0.7이 된다. 이 좌변의 값을 '사후확률'이라고 한다. |의 좌우 내용이 식의 좌변과 우변에서 서로 반대되어 있음에 주의한다.

베이즈 정리는 데이터에 의해 가설의 확률을 사전확률에서 사후확률로 '베이즈 갱신'하는 것이다.

현재의 행위가
지나간 과거를 바꿀 수 있을까?

'혀 잘린 참새'도 사고실험이다?

누구나 어린 시절에 한 번쯤 읽었을 만한 옛이야기와 동화에도 사고실험을 떠올리게 하는 흥미로운 제재가 있다. '혀 잘린 참새'라는 일본 옛이야기는 마음이 상냥한 할아버지와 욕심쟁이 할머니가 키우던 참새의 작은 실수가 발단이 되어 보물 소동까지 벌어지고 결국에는 욕심쟁이 할머니를 징계한다는 권선징악 이야기이다. 대체 이 이야기의 어디에 사고실험과 통하는 부분이 있을까?

이야기 속의 할아버지, 할머니가 되어 생각해보자. 어느 날 키우고 있던 참새가 실수를 저지르는 바람에 화가 난 할머니가 참새의 혀를 잘라버리자 참새는 달아나고 말았다. 이 사실을 안 할아버지는 매우 걱정하며 참새가 도망친 덤불 속을 찾아다니다가 드디어 참새와 다시 만나게 되었다. 참새는 상냥한 할아버지에게 고마워하며 극진히 대접하고 할아버지가 돌아가는 길에 선물까지 주었다.

자, 여기서 문제이다. 참새는 커다란 고리짝과 작은 고리짝을 내밀며 "어느 쪽이든 원하는 것을 가져 가세요"라고 말한다. 당신이라면 어느 것을 고를 텐가? 이야기에서 할아버지는 작은 고리짝을 골랐는데 상자 안에는 금화가 가득했다.

이제 할머니 차례이다. 욕심쟁이 할머니는 할아버지에게 자초지종을 듣더니 참새가 사는 곳으로 우격다짐으로 찾아가서 춤도 음식도 필요 없으니 빨리 선물을 가져오라고 소리쳤다. 그러자 참새는 할아버지의 경우와 마찬가지로 큰 고리짝과 작은 고리짝을 내밀었다. 욕심 많은 할머니는 큰 고리짝을 골랐지만 상자에서 보물은커녕 지네와 거미와 뱀이 잔뜩 쏟아져 나왔다.

이 '혀 잘린 참새'와 유사한 설정의 사고실험을 미국의 정치철학자 로버트 노직(1938~)이 물리학자 뉴컴에게 들은 문제라면서 제시했다(《뉴컴 문제와 선택의 두 가지 원리, 헴펠기념논문집》, 1969). 이 사고실험의 취지는 인간이 행하는 선택 원리로서 '우월전략'과 '기대효용 최대화의 원리' 중 어느 쪽이 타당한가를, 그 두 개의 원리를 각각

다르게 선택하게 되는 상황을 설정해서 논의하는 것이었다. 이것은 경제학 분야인 게임이론과도 관련된 문제이다.

또한 이 문제는 '완전한 예지(豫知)에 관한 역설'과도 연관이 있다. 이는 프로테스탄트의 교리인 '예정조화설'에 관계되는 문제이기도 하다.

더 나아가서는 현재의 행동이 과거에 일어난 일의 원인이 될 수 있는가를 따져보는 '소급인과(遡及因果)'를 심사숙고하게 하는 문제이기도 하다.

'뉴컴 문제'는 생각할 거리를 다양하게 던져주는 사고실험이다. 어려운 용어가 나열되었지만 이제 사고실험의 내용과 함께 좀 더 자세히 설명해보자.

뉴컴의 사고실험

먼저 노직이 제안한 이 사고실험을 살펴보자.

사고실험 Thought Experiment

당신 앞에 두 개의 상자 A와 B가 있다. A에는 100만 원이 들어 있다. B에는 10억 원이 들어있을 수도 있고 비어 있을 수도 있

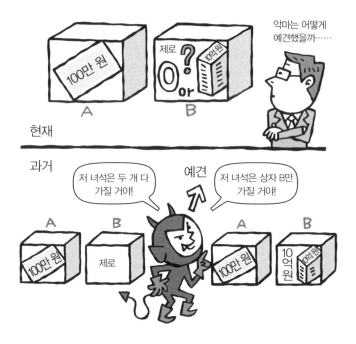

욕심을 부리는 것이 이익일까, 자제하는 것이 이익일까?

다. 상자 안은 보이지 않는다. 당신은 상자 A와 B를 모두 가져
도 좋고 상자 B만을 가져도 좋다. 상자에 들어 있는 것은 모두
당신 것이다. 그러나 여기에 문제가 하나 있다. 상자 안 내용물
의 제공자인 악마는 당신이 상자 B만 갖는다고 예견한 경우에
만 B 안에 10억 원을 넣는다. 당신이 상자 두 개를 모두 갖는다
고 예견했을 때에는 상자 B는 비워둔다. 악마의 예견은 아주 높

은 확률로 들어맞고 당신도 그것을 충분히 알고 있다. 이 설정을 표로 나타내면 아래와 같다.

	예견 '상자를 두 개 갖는다'	예견 '상자를 한 개만 갖는다'
당신: 두 개의 상자를 갖는다	100만 원	10억 100만 원
당신: 한 개의 상자만 갖는다	0원	10억 원

아무 조건이 없다면 두 개의 상자를 모두 갖는 쪽이 이익이지만 악마의 예견이 등장하는 바람에 머리가 복잡해졌다.

대체 이 사고실험은 무엇을 의미할까?

상자 B만 갖는 것이 낫다? – 기대효용 최대화의 원리

'뉴컴의 사고실험'은 '혀 잘린 참새' 같은 도덕론과는 다르게 게임이론으로 논의할 수 있다. 게임이론이란 합리적인 경쟁 주체가 대립하는 상황에서 상대편의 대응을 고려하면서 각자의 이익을 효과적으로 얻기 위해 어떤 전략을 세워 행동할지를 분석하는 것이다. 수리과학자 폰 노이만이나 영화 〈뷰티풀 마인드〉의 실제 인물인 수학자 존 내시가 연구한 경제학의 한 분야이다. 이 게임이론에서 규범적인 해법이라고 할 만한 것이 '기대효용 최대화의 원리'이다.

기대효용이란 불확실한 상황에서 어떤 선택을 할 때 평균적인 이익이 얼마 정도 될까를 계산한 것이다. 그것이 최대가 되는 전략을 세워야 한다는 것이 '기대효용 최대화의 원리'이다. 이 원리에 따라서 앞에 나온 '뉴컴의 사고실험'을 계산해보자.

악마의 예견이 들어맞을 확률이 90%라고 가정하자. 당신이 욕심쟁이일 것이라고 악마가 예견하면 당신이 선택할 때 욕심을 부리든 부리지 않든 상자 B에 10억 원은 들어 있지 않다. 반대로 당신이 욕심 없는 행동을 할 것이라고 악마가 예견하면 설령 당신이 욕심을 부린다 해도 10억 원은 상자 B에 있는 것이다.

우선 당신이 상자 B만 선택하는 경우의 기대효과를 계산해보자. 악마의 예견이 들어맞았을 때에는 상자 B에 10억 원이 들어있을 것이다. 즉 90%의 확률로 당신은 10억 원을 얻는다. 악마의 예견이 빗나갔을 때에는 당신이 두 개의 상자를 모두 취하리라고 예견한 것이니, 상자 B에는 한 푼도 들어있지 않다. 따라서 확률 10%로 당신은 0원을 받는다. 이를 평균하면 당신은 9억 원을 받는다.

한편 당신이 두 개의 상자를 모두 선택하는 경우는 어떨까? 악마가 당신이 한 개의 상자만 취할 것이라고 예견하고 있었다면 상자 B에 10억 원이 들어 있으므로 상자 A의 100만 원과 더해서 10억

100만 원을 받게 된다. 이것은 예견이 빗나간 경우이므로 10%의 확률로 일어난다. 한편 당신이 상자 두 개를 모두 취할 것이라고 예견한 경우는 상자 B에는 아무것도 없으므로 둘을 합해도 100만 원이다. 이것은 90%의 확률로 일어난다. 즉 평균해서 1억 100만 원을 얻게 된다.

만약 예견이 완전(확률 100%)하다면 173페이지의 표에서 오른쪽 위와 왼쪽 아래의 경우는 일어나지 않으며 기대효용은 두 개의 상자를 취해서 100만 원을 받거나 상자 B만을 취해서 10억 원을 받는 어느 한쪽만 발생하게 된다.

이들을 비교하면 상자 B만 취하는 것이 이익이라는 결론이 나온다. 하지만 정말 그렇게 생각해도 될까?

두 개의 상자를 갖는 것이 낫다?－우월전략

다른 사고방식을 살펴보자. 지금 여기 놓여 있는 상자의 내용물은 이미 정해져 있어서 상자를 열기 직전 당신이 마음을 번복하더라도 그 내용물이 바뀔 리 없다. 이미 악마가 예견하고 결정한 순간부터 정해져 있었기 때문이다. 그렇게 생각하면 예견 여부와 상관없이, 즉 상자 B에 10억 원이 있든 없든 당신은 두 개의 상자를 모두 갖는 것이 한 개의 상자만 선택하는 것보다 100만 원만큼 이익인 셈이다. 0원과 100만 원의 차이이거나 10억 원과 10억 100만 원의 차이이므로 어느 쪽이든 100만 원이 이익이다.

이처럼 어떤 상황이 전개되든지 일어난 상황 아래서 가장 이익을 얻는다는 전략을 '우월전략'이라고 한다.

우월전략의 논리를 따라가면 뉴컴의 사고실험에서 '기대효용 최대화의 원리'를 선택하는 것이 어리석게 느껴질 수 있다. 미국의 과학 잡지 〈사이언스〉에 따르면 실제로 뉴컴의 사고실험을 해본 결과 기대효용 최대화 전략을 선택한다는 사람과 우월전략을 선택한다는 사람의 비율이 2 대 5였다고 한다.

인간이란 최소한 얼마만큼의 이익을 확보할 수 있는가에 마음이 쓰이는 법이다. 상대가 어떤 전략으로 나오든지 가장 손해가 적은 결과를 확실하게 보증해 주는 전략이 있다면 그것을 고르고 싶어질 것이다.

역시 상자 B만 고르는 것이 낫다?–반복형 뉴컴실험

지금까지의 이야기는, 뉴컴실험이 일생에 한 번만 행해진다는 암묵적인 전제가 있었다. 이제 실험이 한 번으로 끝나지 않고 매주 반복된다고 가정해보자. 이 설정이라면 '기대효용 최대화의 원리'에 따라 상자 B만을 선택하는 전략이 이익인 것이 납득 가능해진다.

반복 실험을 할 때마다 예견이 들어맞을 확률이 90%라고 하면 그 90%로 들어맞는 일이 오랜 기간의 경험을 통해서 보증되고 있는 셈이므로 선택하는 당사자가 선택할 때마다 어떻게 느끼든지 예지가 빗나가는 경우는 10%가 된다. 그렇게 하면 앞서 계산했듯이 상자 B만을 계속 취해나가면 한 번의 실험마다 평균 9억 원을 얻게 된다. 두 개의 상자를 계속해서 취하면 평균 1억 100만 원이 된다.

'죄수의 딜레마' 사고실험

이제 또 다른 사고실험을 살펴보기로 하자. 게임이론에 바탕을 둔 '죄수의 딜레마'라는 문제로 내용은 다음과 같다.

사고실험 Thought Experiment

두 명의 혐의자 A와 B가 있다. 이들은 공범으로 붙잡혀 와서 따로따로 심문받으며 자백을 종용 당하고 있다. 두 사람이 모두 끝까지 진술을 거부하고 버텨내면 2년의 형량을 받게 된다. 만약 어느 한 쪽이 배신하여 자백하면 사법 거래가 성립되어 자백한 사람은 무죄로 풀려나지만 다른 한 사람은 징역 12년을 받게 된다. 두 사람이 서로 배신해서 자백한 경우에는 똑같이 징역 8년이 된다. 물론 두 사람은 서로 상의할 수 없는 상황이다. 이들의 유불리를 표로 나타내면 다음과 같다. 당신이라면 어떻게 할 것인가?

A \ B	자백 (배신)	진술 거부 (협력)
자백 (배신)	8 / 8	0 / 12
진술 거부 (협력)	12 / 0	2 / 2

표 안의 숫자는 징역 햇수

한 사람이라는 개인의 관점에서는 배신이 최적인 전략이다. 위 표에서 알 수 있듯이 상대편이 어떻게 나오든지 자신이 배신하는 쪽이 형량이 적다. 그러나 두 사람 모두 진술을 거부하는 협력 전략을 취하면 두 사람의 합계(사회 전체)로 따져보면 짧은 형량으로 끝난다.

죄수의 딜레마는 개인의 최적과 사회 전체의 최적 사이의 딜레마를 시사한다. 사회적으로 볼 때 비합리적인 선택을 해서 공멸해버리는 까닭은 무엇인가를 연구하기 위한 도구이다.

실제로 죄수의 딜레마의 심리실험을 해보면 대부분의 사람이 배신 전략을 취한다. 그러나 죄수의 딜레마를 여러 번 반복한다는 설정하에 심리실험을 하면 협력하는 것으로 나타난다. 정치학자 로버트 액설로드는 반복형 죄수의 딜레마의 컴퓨터 시뮬레이션 대회를 개최하여 참가자들끼리 프로그램을 겨루게 하기도 했다.

뉴컴의 사고실험에서 상자 B만 취하는 기대효용 최대화 전략은 죄수의 딜레마에서 진술을 거부하는 협력 전략에 대응한다. 한편 뉴컴의 사고실험에서 두 개의 상자를 모두 취하는 우월전략은 죄수의 딜레마에서는 자백을 선택하는 배신 전략에 대응한다.

죄수의 딜레마에서 자백이라는 배신 전략은 공멸을 초래하는 비합리적인 전략이지만 한 번만 실행하는 뉴컴의 사고실험에서는 그쪽이 합리적이라고 볼 수도 있다. 뉴컴의 사고실험과 죄수의 딜레마의 차이는, 전자는 악마와 당신이 선택하는 전략 결정에 시간적인 앞뒤의 순서가 있지만 후자에서는 선택이 동시에 이루어진다는 점이다. 게다가 전자에서 당신의 전략과 악마의 선택에는 시간을 초월한 높은 상관관계가 있다.

참고로 뉴컴의 사고실험에서 예견이 들어맞는지 여부를 표로 만들어보면 어떻게 느껴질까?

	예견이 들어맞는다	예견이 빗나간다
당신: 두 개의 상자를 취한다	100만 원	10억 100만 원
당신: 상자를 한 개만 취한다	10억 원	0억 원

　악마의 예견이 들어맞을 확률이 대단히 높으므로 이 표에서는 왼쪽 열의 경우가 거의 확실하게 일어난다. 오른쪽 열은 거의 일어나지 않는다. 이렇게 하면 상자 B만을 선택해서 10억 원을 손에 넣는 쪽이 합리적인 듯하다. 두 개의 상자를 모두 취하는 우월전략을 선택하면 거의 확실하게 100만 원이므로 기대효용 최대화 전략이 훨씬 나아 보인다.

　그러나 상자 안에 얼마나 들어 있는지는 이미 과거에 정해져 있다. 상자 B만을 선택하든 욕심을 부려서 상자 A도 선택하든 상자를 여는 시점에서는 내용물에 변함이 없기 때문에 양쪽을 취하는 쪽이 반드시 상자 A의 100만 원만큼 많아질 것이다. 이상하지 않은가?

시간을 거슬러 올라가 영향을 미친다면—소급인과

　지금까지 표를 통해 살펴본 고찰과 반복 설정에 대한 고찰 이외에도 상자 B만 취하는 행위를 합리화할 수 있는 사고방식이 있다. 그것은 '소급인과(遡及因果)'라는 것이다. 보통 인과란 과거에서 현재로, 현재에서 미래로 시간 순으로 결과를 낳지만 소급인과에서는 그것이 반대가 된다. 즉 현재의 행위가 이미 결정되어 있는 과거에 영향을 미칠 수 있다는 견해가 소급인과이다.

소급인과의 논리를 받아들이면 당신이 상자 B만을 취하는 행위는 과거로 소급인과해서 악마로 하여금 상자 B에 10억 원을 넣도록 작용할 것이다.

이렇게까지 강력하게 과거에 영향을 미칠 수 있다고 생각하지는 않더라도 183페이지에 소개한 '칼뱅주의자의 근면'처럼 느끼며 행동할 수는 있을 것이다. 칼뱅주의자의 경우에서는 신의 결정과 자신의 근면한 생활의 조화이고 뉴컴의 사고실험에서는 악마의 결정과 자신의 선택의 조화이다. 죄수의 딜레마도 상대 죄수와의 조화라고 볼 수 있다.

이 소급인과를 받아들인다면 당신이 상자 B만을 선택하려는 기분이 드는 것은 좋은 징조이다. 분명 10억 원이 들어있을 테니 말이다.

──────────────── 결론 ────────────────

원인은 반드시 결과에 앞서는 것이어야 할까? 어쩌면 원인과 결과란 관찰 대상인 세계에 속한 성질이 아니라 관찰 주체인 인간이 세계를 이해하는 방식인지도 모른다. 그렇다면 '현재가 과거에 영향을 미칠 수 있다'고 하는 소급인과도 무조건 무시할 수만은 없다.

뉴컴 문제는 마음속에서 과거에 일어난 일과 자신의 현재 행위를 논리적으로 타당하게 연결하는 사고실험이다. 그리고 완전에 가까운 예측과 자유의사라는 모순이 일으키는 곤란을 지적하는 사고실험이기도 하다.

칼뱅주의자의 근면

당신의 현재 행위가 과거에 일어난 일의 원인이 될 수 있다고 하는 사고방식을 '소급인과'라고 한다. 철학자 알프레드 에이어는 소급인과에 대한 예시로 '칼뱅주의자의 근면'이라는 다음과 같은 이야기를 내놓았다. 이것은 단순한 우화가 아니라 프로테스탄트의 교리인 예정조화설에 입각한 프로테스탄트의 에토스(기풍·윤리)이다.

> 칼뱅파는 운명예정설을 믿는다. 이에 따르면 그들의 신은 그들이 탄생하기 이전에 이미 그들을 구원할지 혹은 지옥에 떨어뜨릴지 정해놓았다. 그러나 자신이 구원 받는가 어떤가는 사후가 되어서야 비로소 알 수 있는 것이다. 어떻게 살아가든 천국에 이를지 지옥에 떨어질지는 변하지 않는다.
>
> 그러나 한편으로 그들은 신이 선택한 사람민이 태어나서 근면하게 살아갈 수 있다고 믿고 있다. 그들의 이러한 신념에 따르면 선민의 한 사람이어야 하는 것이 현재 근면함의 필요조건이다. 그렇다면 근면은 선민의 충분조건이 된다.
>
> 그들은, 자신은 태어나기 전에 신으로부터 구원받고 있었다고 하기 위해서 현재 부지런히 힘쓰려고 한다. 즉 과거에 내려진 결정을 확실하게 하기 위해서 현재의 행위를 하는 것이다.

이는 이미 정해져 있는 과거완료인 신의 선택과 현재 자신의 행동의 조화를 중시하는 사상이다. '조화는 있어야 한다. 아니, 반드시 있을 것이다. 그렇다면 내가 근면하게 있을 수 있는 것은 천국에 갈 수 있는 일원이라는 증거다'라고 하는 것이다.

하지만 이미 정해졌다면 신도 바꿀 수 없으므로 이제부터 게으름을 피워도 되지 않느냐고 반론을 제기할 수도 있다. 당신은 어떻게 생각하는가? 참고로 다음의 이야기도 소급인과의 예로 볼 수 있다.

타이타닉호가 침몰했다는 소식이다. 승객은 거의 사망했다고 한다. 나는 사우샘프턴에서 승선했을 딸 부부의 이름이, 이제부터 발표될 승객명부에 실려 있지 않기를 필사적으로 기도했다.

실험파일 12 카드 선택 문제와 헴펠의 까마귀 역설

법칙이 성립하는 예보다 성립하지 않는 예가 중요하다?

웨이슨의 '카드 선택 문제'

행동경제학과 인지심리학에서 인간이 의사결정을 할 때 합리적으로 판단할 수 있는가 하는 문제를 다루는 데 인용되는 몇 가지 사례가 있다. 그중 하나가 인지심리학자 피터 웨이슨이 제시한 '카드 선택 문제'이다.

이것은 어떤 상황에서 법칙이 성립하는지 아닌지를 판단하는 사고실험이다. 인간은 법칙을 확인할 때 그 법칙이 해당하는 예를 찾는 것이 중요하다고 느끼는 반면 법칙이 성립하지 않을 수도 있다고 보고 반대 사례를 찾는 일에는 열중하지 않는다고 하는 '확증 편향'에 관한 것이다.

넉 장의 카드가 있는데 카드의 앞면에는 알파벳이, 뒷면에는 숫자가 적혀 있다. 다음의 법칙이 성립하는지를 판단하려면 어떤 카드를 뒤집어야 할까?

• 법칙: '모음의 뒷면은 반드시 짝수이다.'

갑자기 질문을 받으면 E와 8일 것 같은 기분이 든다. 그러나 논리적으로 따져보면 다음과 같다.

• E는 모음이다. 따라서 법칙이 성립하려면 뒷면이 짝수인지 아닌지 확인해야 하므로 뒤집어보아야 한다.

• S는 자음이다. 자음의 뒷면이 어떻다고는 법칙에 씌어있지 않으므로 무엇이든 나와도 상관없다. 따라서 뒤집어볼 필요

186

가 없다.

- 8은 짝수이다. 이때 만약 뒷면이 모음이라면 법칙은 성립한다. 만약 뒷면이 자음이라고 해도 법칙은 자음의 뒷면에 무엇이 있다고 규정하지 않았기에 법칙에 저촉되지는 않는다. 따라서 8은 뒷면이 무엇이든 상관없으므로 뒤집어볼 필요가 없다.

- 5는 홀수이다. 뒷면이 모음이라면 법칙에 반한다. 뒷면이 자음이라면 법칙은 자음의 뒷면에 대해 아무런 언급이 없으므로 법칙이 성립한다고 할 수 있다. 따라서 5의 뒷면이 모음이냐 자음이냐에 따라 법칙의 참 거짓이 나뉘므로 뒤집어보아야 한다.

결국 뒤집어보아야 하는 카드는 E와 5이다. 정답률은 구미의 문헌에서는 5~10%라고 한다. 일본에서는 고교생인 응답자는 구미와 비슷하였고, 논리학의 지식이 있고 낚이기 쉬운 문제라고 사전에 주의를 받은 대학생인 경우에는 문과 계열이 30~50%, 이과 계열이 70~90%라는 보고가 있다.

이 문제는 설정을 다음과 같이 바꾸면 정답률이 극적으로 향상

된다.

네 개의 봉투가 아래와 같이 놓여 있다. 다음의 전제와 규칙이 있을 때 발송 가능한지 어떤지 확인해야 알 수 있는 것은 어느 것인가?

- 전제: '봉인되어 있지 않은 편지는 500원 우표로 우송할 수 있다'
- 규칙: '밀봉된 편지는 800원 우표가 필요하다'

이것은 쉽게 알 수 있다. 봉인되어 있지 않다면 우표가 500원짜리든 800원짜리든(낭비이지만) 상관없다. 800원 우표가 붙여져 있으면 봉인이 있든 없든 다 괜찮다. 따라서 이 두 개는 확인할 필요가 없다. 한편 봉인되어 있는 것은 만약 500원 우표가 붙어있다면 부칠 수 없으므로 확인이 필요하다. 또 500원 우표라면 봉인되어 있지 않은 편지는 상관없지만 봉인되어 있으면 부칠 수 없다. 따라서 봉인되어 있는 봉투와 500원 우표를 붙인 봉투의 두 개는 규칙대로 되어 있는지 확인할 필요가 있다.

여러 사람들이 있고 '20세 이상이면 술을 마셔도 좋다'는 규칙이 있을 때에도 마찬가지이다. 술을 마시고 있지 않은 사람에게는 굳이 나이를 확인하지 않을 것이고 20세 이상이라면 그 사람이 술을 마시거나 말거나 추적하지 않을 것이다.

설정을 이렇게 바꾸면 정답률이 올라가는 이유는 제시되는 상황이 일상생활에 가까워서 익숙하기 때문일 것이다. 그러나 최근에는 인류가 사회생활을 영위하는 생물로서 규칙 위반을 민감하게 발견하도록 진화해왔다고 하는 '사회계약설'로 보는 견해가 유력하다. 규칙이 제법 복잡해보이더라도 '무임승차' '새치기' 같은 규칙 위반은 간단하게 확인되는 것이다.

논리학에서 고찰해보면

'카드선택 문제'가 갖는 사고실험의 의미를 논리학의 관점에서 해명해보자. 어떤 명제에 대해서 논리학에서는 다음과 같이 고찰한다.

명제:	모음 ⇒ 짝수	【E를 알아보는 경우】
역(逆)명제:	짝수 ⇒ 모음	【8을 알아보는 경우】
이(裏)명제:	모음이 아니다 ⇒ 짝수가 아니다 (자음⇒홀수)	
		【S를 알아보는 경우】
대우명제:	짝수가 아니다 ⇒ 모음이 아니다 (홀수⇒자음)	
		【5를 알아보는 경우】

명제가 참이라고 해서 역명제와 이명제가 반드시 참이 되는 것은 아니다. 그러나 전제와 결론을 각각 부정하고 그 전제와 결론을 뒤바꾼 '대우명제'는 반드시 참이라고, 논리학에서 가장 먼저 배운다.

일상생활에서도 흔히 역(逆)이 반드시 참이 되는 것은 아니라고 말한다. '어떤 조건 A를 충족하면 반드시 조건 X를 충족한다'는 법칙이 있다고 해도 그 역인 '조건 X를 충족하고 있지만 조건 A는 충족하지 않는' 것이 있을 수 있다. 따라서 어떤 법칙이 성립하고 있다 해도 당연히 역의 법칙이 언제나 성립하는 것은 아니다(성립하는 경우도 있다).

그러나 우리는 '모음⇒짝수'이면 '자음⇒홀수'라는 것도 암묵적으로 의미한다고 제멋대로 믿어버리는 경향이 있다.

반드시 성립하고 있는 명제 자신과 대우명제에 대해서는 그 대상을 모두 조사하지 않으면 확인할 수 없다. 한편 역명제와 이명제는 반드시 성립하는 것은 아니다. 즉 성립하지 않아도 상관없으므로 그것에 해당하는 8과 S는 뒤집어보지 않아도(뒤집어도) 되는 것이다.

이렇게 보면 카드선택 문제에서 생기는 오류는 명제의 역, 이, 대우에 대한 착각에 근거하고 있음을 알 수 있다.

그런데 법칙에 해당되는 사례만을 찾고 싶어 하는 경향을 '확증 편향'이라고 한다. 법칙에 해당되는 사례가 많을수록 그 법칙에 대한 신뢰성이 높아진다. 그러나 아무리 확증 사례가 늘어나도 예외가 있을 수 있다는 의심과, 지금까지 조사한 사례가 편중되었을지도 모른다는 의심을 완전히 떨쳐낼 수는 없다. 반대로 법칙에 해당되지 않는 사례, 즉 반증 사례가 하나라도 있으면 법칙은 부정되므로 매우 강력하다. 확증은 끝이 없는데 반증은 단번에 끝나버린다. 이에 근거해서 과학철학자 칼 포퍼(1902~1994)는 '반증주의'를 주장하고 과학적인 법칙은 반증 가능한 것이어야 한다는 기준을 제시했다. 애당초 반증이 불가능한 명제는 '과학적'이라고 볼 수 없는 것이다.

헴펠의 '까마귀 역설'

과학철학자인 칼 헴펠(1905~1997)이 제시한 '까마귀 역설'이 있다.

일반적으로 어떤 과학법칙이 성립한다고 제시되었을 때 이를 긍정하는 증거에 의해서 확증해 나가는 과정을, 확률론인 베이즈 정리(166페이지 참조)를 써서 증거가 가설의 확률을 점점 높여가는 과정이라고 보는 사고방식이 있다. 이른바 긍정 사례를 열거함으로써 결론에 이르는 귀납법이다. 그러나 그런 확증과정과, 원래의 법칙과 논리적으로 등가인 대우명제를 확증하는 과정을 조합하면 매우 기이한 상황이 벌어진다는 것을 헴펠의 '까마귀 역설'은 보여준다.

사고실험 Thought Experiment

카드선택 문제에서 보았듯이 원래의 명제가 참이면 대우명제도 반드시 참이다. 대우명제가 참이면 원래의 명제도 참이다. 따라서 대우명제의 신빙성을 높여나가면 원래의 명제도 신빙성이 높아진다.

이렇게 생각한 어느 조류학자가 '모든 까마귀는 검다'라는 명제를 증명하기 위해 까마귀가 없는 방에서 그 대우명제인 '검지 않은 것은 까마귀가 아니다'라는 것을 조사해나간다. '이 컵은 녹색이다.' 즉 '검지 않고 녹색인 이 컵은 까마귀가 아니다.' '이 의자는 갈색이고 까마귀가 아니다.' '저 꽃은 붉고 까마귀가 아니다' 하는 식으로. 그는 관찰 사례를 하나하나 들면서 실내에서 까마귀에 관한 조류학을 연구하고 있다.

이 조류학자는 대우명제를 조사하고 있다. 논리적으로는 분명 틀리지 않았다. '검지 않은 것은 까마귀가 아니다'라는 명제의 확증은 점점 많아진다. 그러면 논리적으로 등가인 '까마귀는 검다'라는 명제의 확증도 당연히 늘어날 것이다. 그러나 왜인지 이상하다는 느낌이 들지 않는가? 어디가 이상한 것일까? 대우를 확증한다는 논법이 잘못되었을까? 아니면 인간의 직감이 논리적이지 않다는 뜻일까?

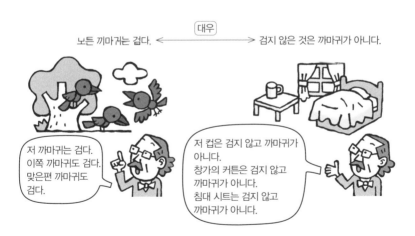

모든 까마귀는 검다. ←——[대우]——→ 검지 않은 것은 까마귀가 아니다.

저 까마귀는 검다. 이쪽 까마귀도 검다. 맞은편 까마귀도 검다.

저 컵은 검지 않고 까마귀가 아니다. 창가의 커튼은 검지 않고 까마귀가 아니다. 침대 시트는 검지 않고 까마귀가 아니다.

검지 않은 것을 조사하면 까마귀가 검다는 것을 알 수 있을까?

까마귀 역설은 무엇이 이상한가

결론부터 말하자면 고찰의 대상이 되는 모든 존재 가운데서 가설에 나타나는 대상이 차지하는 비율이 문제이다.

까마귀와 까마귀가 아닌 것을 놓고 보면 까마귀가 아닌 것이 압도적으로 많다. 또 검은 것과 검지 않은 것 중에는 검지 않은 것이 당연히 많다. 원래의 명제는

특정한 어떤 생물(까마귀) ⇒ 특정한 색(검정)

이다. 이에 대한 대우명제는

특정한 어떤 색이 아니다(검정이 아니다) ⇒ 특정한 어떤 생물이

아닌 다른 무엇(까마귀가 아닌 것)

다시 말해서

쉽게 발견되는 어떤 색 ⇒ 주위에 흔히 있는 존재하는 것

이고 그는 여기에 해당되는 예를 찾아 일일이 열거하는 작업을 한 것이다. 이 작업은 원래의 명제에 들어맞는 사례를 찾는 것보다 대단히 쉽다. 그러나 '검지 않은 것'이 대단히 많기 때문에 이를 철저히 조사한다는 것은 거의 불가능에 가깝고 어느 정도의 수량을 찾아낸다고 해도 전체를 놓고 보면 조금밖에 되지 않는다. 이 비율의

차이 때문에 이상한 상황이 되어버리는 것이다.

또 다른 이상한 점도 있다. 헴펠의 실내조류학자는 '모든 까마귀는 검다'의 대우명제를 확증함으로써 '모든 까마귀는 노랗다'라는 명제도 확증하게 된다. 실내에서 파란 것을 찾아 '검지 않은 것'의 확증 예로 든다면 그것은 동시에 '노랗지 않은 것'의 확증 예에도 해당된다. 따라서 '까마귀는 노랗다'가 '까마귀는 검다'와 마찬가지로 확증되는 셈이다.

그러나 헴펠의 까마귀 역설은 다루고자 하는 대상의 수가 적으면 이상하지 않다. 이 세상에 동물이 까마귀와 백조와 휘파람새로 각각 열 마리씩만 있다고 가정해보자. 까마귀는 검은 색, 백조는 흰색, 휘파람새는 녹색이다. 이때 '모든 까마귀는 검다'를 확인하는 작업과, '검지 않은 것은 까마귀가 아니다' 즉 '흰색이거나 녹색인 깃은 백조이거나 휘파람새이다'를 확인하는 작업이 논리적으로 등가임을 쉽게 납득할 수 있다.

까마귀는 한 마리도 조사하지 않으면서 까마귀에 대한 성질을 결론내리는 따위는 할 수 없다고 생각하는 사람이 있을지도 모르지만 이처럼 대상의 범위가 한정되어 있으면 까마귀를 한 마리도 조사하지 않고 까마귀 색의 연구가 가능하다는 것은 이상한 일이 아니다.

'모든 ○○는 △△'을 증명하기는 어렵다

'모든 까마귀는 검다'라는 가설을 증명하고자 할 때 일반적으로 까마귀를 많이 붙잡아서(혹은 관찰해서) 검은 것을 확인하는 작업을 해나가면 가설의 신빙성이 높아진다. 지금까지 관찰된 모든 까마귀가 검다면 다음에 관찰할 까마귀도 검을 것이다. 이렇게 귀납적으로 추론할 수 있는 셈이다. 이 '모든'의 범주 안에는 아직 존재하고 있지 않은 까마귀도 포함된다. 100년 후에 태어날 까마귀에 대해서도 그렇게 예측된다고 보는 것이다. 그러나 실상 이런 점을 감안하면 결코 완전하게 증명되지 않는다는 것을 알 수 있다.

과학에서처럼 일상생활에서도 우리는 관찰을 통해서 법칙을 배우고 예측에 활용한다. 예컨대 오늘 아침 해가 동쪽에서 떴고 어제도 마찬가지였다. 엊그제도 그랬다. 그러니 내일도 해는 동쪽에서 떠오를 것이라고 짐작한다. 또 백조는 흰색이다. 여태껏 본 백조는 흰색이었으니 다음에 보게 될 백조도 흰색일 것이라고 예측하는 식이다.

하지만 이런 경우도 있을 수 있다. 병아리가 아침에 인간이 주는 모이를 먹는다. 어제도 그랬고 그저께도 그랬다. 그러니 내일 아침도 인간이 와서 모이를 줄 것이다. 그런데 어느 날 아침 인간이 와서 모이를 주기는커녕 병아리를 잡아먹으려고 죽여버렸다.

어제

그저께

날이
밝는군

연어의
산란을 보았다.

붕어의
산란을 보았다.

물고기는 알을 낳고
늘어난다!

어, 구피가 알을
낳는 모습을
못 봤는데 늘어났다.

반증

'자연의 제일성'과 '매거적 귀납법'과 '반증'

과거의 경험에 비추어 여태껏 일어났던 일이 미래에도 일어나리라고 보는 것을 '자연의 제일성(齊一性)'이라고 한다. 자연계의 현상은 무턱대고 일어나는 것이 아니고 어떤 질서에 따른다. 특별한 사건이 발생하지 않는 한 언제 어디서든 과거에 반복해서 일어난 일은 똑같이 일어난다는 사고방식이다.

'모든 ○○에 대해서 △△라고 말할 수 있다'는 형태('보편명제'라고 한다)의 법칙과 가설을 주장하려면 관찰을 통해서 법칙에 해당되는 사례를 많이 모아야 한다. 이것을 '매거적(枚擧的) 귀납법'이라고 한다. 해당되는 예가 많으면 많을수록 그 법칙이 성립할 타당성은 높아진다. 그러나 만약 그 법칙에 해당되지 않는 사례가 하나라도 발견되면 그 법칙 혹은 가설은 성립하지 않는다. 이것을 '반증'이라고 한다.

카드선택 문제에서는 논리적인 추론이 가능한가 하는 것이 초점이었기에 각각의 명제 구분을 대표하는 유한개(네 장)의 카드만을 사용했다. 만약 카드가 매우 많이 있다면 어떨까? 가급적 많은 카드를 뒤집어서 법칙이 성립하는 것에 대한 신빙성을 높여나가지 않으면 안 된다. 그렇다 해도 유한개의 경우에는 필요한 카드를 조사하면 검증을 마칠 수 있다.

그러면 무한개라면 어떨까? 무한개란 실재하지 않는다고 생각하는 사람도 있을 것이다. 그러나 '이러저러한 성질을 지녔다면 어떠어떠한 것이 성립한다'는 식의 법칙이라면 법칙의 대상이 유한개라고 볼 수는 없다. 조사 대상의 수가 늘어날수록 법칙의 신빙성은 커지지만 반대의 사례가 하나라도 나오면 그 법칙은 깨져버린다. 즉 반증은 가능하지만 완전한 증명은 불가능하다.

그런데 까마귀 역설에서 증명하고자 하는 명제가 '대부분의 까마귀는 검다'였다면 어떨까? 이런 확률적인 명제는 반증할 수 없다(반증 예가 나타나더라도 몹시 낮은 확률의 일이 일어났을 뿐이라고 우길 수 있다). 이런 명제는 대우를 취하는 것이 적절하지 않다.

또 '까마귀의 90%는 검다'라고 확증하면 전체 까마귀 중 검은 까마귀의 비율에 관한 문제가 되어버리므로 이를 증명하는 데 또 다른 어려움이 있게 된다.

결론

어떤 법칙을 확인하고자 할 때 적극적으로 해당되는 사례는 찾아도 반증 예를 찾으려고 하지는 않는 것이 보통이다. 반증은 단번에 할 수 있지만 완전하게 확증하기 위해서는 해당되는 사례를 아무리 모아도 끝이 없다.

헴펠이 제시한 역설은 '모든 ○○에 대해서 △△이다'라는 명제를 확증하려고 할 때의 문제점을, 그 명제와 논리적으로 등가인 대우명제로 바꾸어 증명하는 상황에 놓고 체감하도록 한 것이었다. 일반적으로 성립하는 것을 주장하는 법칙을 확증하려고 할 때 우리가 주의해야 할 점을 알기 쉽게 깨우쳐주는 사고실험이다.

모두가 선택할 것 같은 쪽을 골라야 한다!

먼저 다윈의 진화론부터

진화론이라고 하면 찰스 다윈(1809~1882)이 가장 먼저 떠오를 것이다.

생물은 돌연변이에 의해 형질이 다른 개체가 발생하며 같은 종 안에서도 형태가 다양하게 존재한다. 이들을 포함한 개체 집단에서 어떤 개체가 지닌 형질이 생존에 유리한지 또 자손을 만드는 데 유리한지에 따라, 유리한 형질을 지닌 개체는 자손을 많이 남기고 그렇지 않은 개체는 자손을 별로 남기지 못한다(예전에는 '적자생존' 혹은

'생존경쟁'이라고 일컬었다).

한편 자식의 형질은 어미의 형질과 유사하다. 이것을 '유전'이라고 한다. 이와 관련해서 어미가 환경에서 획득한 형질이 자식에게 유전된다는 견해는 현대 유전학에서는 기본적으로 부정되고 있지만 다윈은 반드시 부정하지는 않았다고 한다.

세대에서 세대로 이어져서 환경에 적응한 형질의 개체 비율이 많아진다. 이것이 '진화'인 셈이다.

이 진화론에 20세기에 들어와 재발견된 멘델의 유전학이 결부된 것이 '신다윈설(Neo-Darwinism)'이다. 20세기 중엽에는 유전을 담당하는 유전자가 DNA라는 물질임이 밝혀졌다. 더 나아가 현대에는 진화가 유전자의 생존에 유리한 돌연변이에 의해서 발생하는 것이 아니라 유리하지도 불리하지도 않은 '중립'적인 변이가 쌓여서 일어난다고 알려지고 있다.

자식을 낳지 않는 쪽이 자신의 유전자를 남길 수 있다?

생물의 진화를 살펴보면 생존이나 많은 자손을 남기는 데 반드시 유리해보이지는 않는 형질이 발견되곤 한다. 예를 들어 일벌은 암컷인데 여왕벌에게 봉사하기만 할 뿐 자신은 알을 낳지 않으며 자손도 남기지 않는다. 이유는 다음과 같이 설명된다.

수컷 벌은 유전을 담당하는 유전자가 실려 있는 염색체가 반수체(半數體)이다. 반수체란 염색체를 한 세트밖에 갖고 있지 않다는 뜻이다. 대부분의 동물들은 수컷과 암컷이 모두 염색체를 두 세트씩 갖고 있다(배수체(倍數體)라고 한다). 이들은 자식을 만들 때 수컷과 암컷이 각자 지니고 있는 염색체 두 세트 중 한 세트를 내어주기 때문에 자식은 어미와 같이 두 세트의 염색체를 갖게 된다.

벌은 암컷만 배수체이고 수컷은 반수체이다. 수컷 아비와 딸 사이의 근연도(자신의 유전자가 얼마의 확률로 상대에게 발견되는가)가 어느 정도인지 살펴보자. 아비의 유전자 한 세트는 모두 딸에게 가기 때문에 근연도는 1이 된다. 한편 어미 쪽에서 보면 딸은 자신에게 받은 유전자 1/2과 아비에게 받은 유전자 1/2이 혼합된 존재이므로 딸과 어미 사이의 근연도는 1/2이다. 그러면 같은 부모를 지닌 자매 사이의 근연도는 어떨까? 자매는 아비가 같기 때문에 각각 지닌 두 세트의 유전자 중 절반은 똑같다. 그리고 나머지 절반인 어머니 유래의 유전자가 같을 확률(근연도)은 1/2이다. 따라서 자매의 근연도는 다음과 같다.

$$\frac{1}{2} \times 1 + \frac{1}{2} \times \frac{1}{2} = \frac{3}{4}$$ 이 된다.

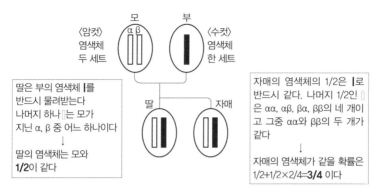

〈암컷〉
염색체
두 세트

모 부 〈수컷〉
염색체
한 세트

딸은 부의 염색체 I를
반드시 물려받는다
나머지 하나 █는 모가
지닌 α, β 중 어느 하나이다
↓
딸의 염색체는 모와
1/2이 같다

자매의 염색체의 1/2은 I로
반드시 같다. 나머지 1/2인 █
은 αα, αβ, βα, ββ의 네 개이
고 그중 αα와 ββ의 두 개가
같다
↓
자매의 염색체가 같을 확률은
1/2+1/2×2/4=**3/4** 이다

딸 자매

벌은 모녀의 근연도보다 자매의 근연도가 높다.

일벌은 자신은 산란하지 않고 여왕벌을 보필할 뿐이다. 여왕벌에게서 태어나는 벌은 일벌의 자매이다. 자매와의 근연도는 3/4이지만 만약 자신이 자식을 낳더라도 딸과 어미의 근연도는 1/2로 자매보다 낮다. 즉 유전적으로 보면 일벌은 자기가 직접 자식을 낳는 것보다 여동생이 태어나는 쪽이 오히려 자신의 유전자를 더 많이 남길 수 있는 셈이다. 여왕벌과 일벌은 유전적으로는 같고 환경적 요인에 의해 산란에 특화된 것이 여왕벌이 된다. 일벌은 자신의 유전자를 많이 전하기 위해 자매관계인 여왕벌이 알을 많이 낳고 그 알이 부화해서 성충이 될 수 있도록 열심히 일하는 것이다.

이렇게 해서 반수체 배수체형 생물인 벌은 (자신보다 여왕벌을 도와주는) 이타성을 발휘하는 사회성 곤충이 되었다. 그리고 그런 사회적 분업을 하는 집단이 그렇지 않은 집단보다 유리했기 때문에 도태에 의해 생존해오고 있는 것이다.

진화론에서는 이렇게 흥미로운 역설적인 현상이 다양한 메커니즘에 의해 설명된다. 그중에서 다윈도 다룬 바 있는 '성 선택'에 관해 고찰해보자.

'성 선택'이란

'성 선택'이란 유성생식을 하는 생물이 배우자를 어떻게 선택하는가 하는 관점에서 그 생물이 갖고 있는 형질의 진화를 설명하고자 하는 사고방식이다.

대부분의 생물은 주로 암컷이 수컷을 선택한다. 그 때문에 수컷은 암컷의 마음에 들기 위해 혼인색을 띠거나 멋진 둥지를 만드는 등 다양한 혼인행동전략을 구사한다. 또 수컷은 암컷의 마음을 끌기 위해 멋진 외모를 갖고 있다고도 이야기한다. 수컷은 암컷이 좋아하는 형질을 갖고 암컷에게 선택받음으로써 비로소 자손을 남기게 되기에 암컷이 좋아하는 형질이 자손에게 이어지고 자손의 집단으로 퍼져나가는 셈이다.

그러나 환경에 대해 아무런 유리한 형질을 갖고 있지 않아도 단순히 암컷이 좋아한다는 것만으로 진화가 일어나는 것일까? 그러려면 수많은 암컷들이 수컷에 대해 기호가 같다는 전제조건이 따라야 한다. 결국 생존력, 번식력이 확실하게 강해보이는 형질이 성 선택에서도 유리하게 작용한다는 이야기가 된다.

그러면 공작 수컷의 꼬리나 수컷 엘크의 커다란 뿔도 생존에 유리하다든지 싸움에 강해보이기 때문에 암컷에게 매력적일까(공작의 꼬리는 암컷이 수컷을 선택하는 요소가 아니라고 훗날 연구에서 밝혀졌지만 예전에는 성 선택의 비근한 예로 거론되었다)?

사슴의 뿔은 얼핏 외적과 싸우고 방어하는 데 유리해 보인다. 암컷이 힘세 보이는 수컷을 고르는 것은 당연하다. 한 마리의 암컷을 놓고 수컷끼리 싸울 때에도 뿔이 크면 유리할 것이다. 그렇다면 사슴의 커다란 뿔은 암컷에게 선택되기 때문이 아니라 직접 암컷을 차지하기 위한 경쟁에 유리하기 때문에 이어져 내려왔는지도 모른다.

그렇다고 해도 엘크의 뿔은 지나치게 커 보인다. 단순히 필요 이상으로 크기만 한 게 아니라 생존에 불리하기까지 할 정도로 크다. 큰 뿔은 무겁고 체력 소모를 요할 뿐더러 천적에게 쫓길 때에도 골칫거리다.

이런 불리한 점에도 불구하고 엘크는 늠름하게 살아간다. 수컷끼리 겨룰 때도 씩씩하게 싸우고 천적에게 쫓길 때도 전력을 다해 도망친다. 엘크의 커다란 뿔은 불리한 생존 조건을 끌어안고서도 힘차게 살아가고 있다는 증거이며 암컷은 바로 거기에 매력을 느끼는 것이다.

일단 이런 설명도 가능하겠지만 지나치게 크다는 느낌은 여전히 지울 수 없다. 이 설명이 이해할 만한지 여부는 어느 정도냐에 달려 있을 것이다.

'미인 투표 게임' 사고실험

수컷을 선택하는 암컷의 입장에서 보면 어떻게 될까?

암컷은 자신의 자손이 번영할수록 좋다. 첫 번째 자손은 아들과 딸이다. 그 아들은 수컷이므로 아들이 자손을 많이 만들어줄수록 좋다. 아들이 자손을 많이 만들려면 다음 세대의 암컷에게 선택을 받아야 한다. 다시 말해서 아들이 일반적인 암컷들에게 인기 있는 형질을 지니고 있어야 한다. 그러려면 암컷 자신이 다른 암컷들에게 인기가 있을 만한 형질을 갖고 있는 수컷을 선택해야 한다. 그렇게 하면 인기 있는 형질을 지닌 아들이 태어나리라고 기대할 수 있다.

그러면 일반적인 암컷들에게 인기 있는 수컷이란 어떤 수컷일까? 20세기를 대표하는 경제학자 존 메이너드 케인스(1883~1946)는 '미인 투표 게임'이라는 사고실험을 내놓았다.

미인 선발 대회에 여러 명의 심사위원이 있고 이들이 참가자에게 투표해서 우승자를 결정한다. 그리고 우승자로 뽑힌 참가자에게 투표한 심사위원은 높은 보수를 받게 된다. 이 때 심사위원은 어떻게 행동하면 좋을까? 자기가 미인이라고 생각하는 사람에게 투표하는 것이 좋을까, 아니면 상식적으로 미인이라고 여겨지는 기준에 부합하는 사람에게 투표하는 것이 좋을까? 실은 둘 다 아니다. 그곳에 있는 심사위원들이 투표할 것 같은 참가자에게 투표해야 하는 것이다.

하지만 그것은 자기 이외의 심사위원들이 단순히 좋아할 것 같은 참가자가 아니다. 다른 심사위원들이 '각자 자기가 아닌 다른 심사위원(여기에는 자신도 들어있다)은 누구에게 투표할 것이다'라고 추론하는지를 가늠해서 정해야 한다. 그러나 이것을 논리적으로 추론하기란 현실적으로 불가능하다. 결국 '인기' 있고 '유행'을 이끌고 있는 사람에게 투표하게 된다.

극단에 다다르면 멈춘다 – 런어웨이 가설

통계학의 창시자 중 한 사람인 로널드 피셔(1890~1962)는 성 선택에서 엘크의 경우와 유사한 예를 '런어웨이 가설'로 다루었다. 처음에는 실제로 어떤 유리한 점이 있어서 진화하기 시작한 형질이, 점차 심하게 진화해서 생존에 불리할 정도로까지 변화했다 하더라도 암컷들이(불리하다는 것을 잘 알면서도) 여하튼 '인기 있는' 수컷을 계속 선택하기에 비정상적인 형태로 진화를 계속한다. 그러나 더 이상 어쩔 수 없는 극단에 다다르면 그 진화는 정지한다는 가설이다.

원인이 되는 실체가 없는데도 어떤 방향으로 계속 변해나가고 그 변화가 비정상적이라고 모두가 느끼고 있는데도 그 이상한 변화는 멈추지 않는다. 그러나 결국에는 파국이 찾아온다. 이런 비정상적인 집단행동은 우리 주위에도 흔히 볼 수 있다.

예컨대 주식투자에서도 이런 현상이 나타난다. 기업의 경영상태와 업종, 사회적 경제상황 등을 면밀히 예측해서 투자할 주식을 결정하는 것이 아니라 많은 사람들이 살 것 같은 주식에 투자한다. 많은 사람들이 사는 주식이야말로 가격이 올라갈 테니 말이다. 그 때문에 근거가 없는데도 폭등하는 주식이 나오게 된다. 그러나 사실과의 괴리가 너무 커지면 '벌거숭이 임금님' 같은 상황에까지 이르고 결국 주가가 폭락해버리거나 다행히 그 지경까지는 가지 않더라도 실제에 가까워진다.

일본은 약 20년 전에 부동산 거품이 무너지는 경험을 했다. 실제가치가 그만큼 되지 않는 줄 잘 알면서도 필요하든 필요치 않든 모두가 사니까 가격이 오를 것이라면서 사들였다. 다른 사람들도 모두 똑같은 생각을 할 테니 계속 사리라고 예측한 것이다. 그러나 실은 전혀 다르게 전개되었고 결국 거품은 붕괴했다. 1637년 네덜란드에서도 튤립 구근에 대해 과열 투기 열풍이 일었던 선례가 있다.

이처럼 오로지 내 주관에 입각해 가치를 판단하는 것이 아니라 사회 안에서 타인들의 의견을 헤아리고 타인도 또한 내 생각을 감안해서 결정하는 것을 '상호주관적 추론에 의한 결정'이라고 한다.

결론

이 장의 주제는 진화론 분야의 예를 들었지만 주관적인 결정이 아닌 '상호주관적 결정'이라는 것이었다. 진화론에서는 기본적으로 동물의 진화가 적자생존과 환경 요인, 성 선택 따위의 도태에 의해 일어난다고 보고 있다. 그런데 언뜻 적응도가 낮은 형질이나 행동이 눈에 띌 때가 있다. 사회성 동물에서는 유전학적으로 설명 가능한 경우도 있지만 아무리 생각해도 생존과 번식에도 불리해보이는 형질이 있다. 이에 대해 피셔는 '인기' 있는 것, '유행'하고 있는 것이 선택된다고 하는 런어웨이 가설로 설명했다. 그것은 케인스의 '미인 투표 게임' 관점과 상통한다. 그처럼 실체가 없는데도(혹은 불리하기까지 한데도) 계속 선택된다는 것이 상호주관적 결정이다. 인기 있는 것, 많은 사람들에게 지지받고 있는 것을 선택하라는 것이다. 언젠가 파국이 오겠지만 말이다.

신은 주사위 놀이를 하지 않는다.

– 알베르트 아인슈타인

막스 보른에게 쓴 편지(1926)

4

자연의 섭리와
미시세계에 다가가다!

물리학 · 양자론의 사고실험

돌이킬 수 없는 일을
원 상태로 되돌릴 수 있을까?

뒤섞여 있다면 의미가 없다

와인을 좋아하는 당신. 친구에게서 '만 원짜리 와인과 천만 원짜리 와인을 둘 다 주겠다'는 이야기를 듣고 한껏 기대에 부풀어 있다. 값싼 와인은 요리용으로 쓰고 고가품은 특별한 날을 위해 아껴 두어야겠다면서 한껏 상상의 나래를 펼친다. 그런데 친구가 건네준 것은 한 병뿐이다. 그는 값싼 와인과 비싼 와인을 한 병에 섞어 놓은 것이다.

안타까운 일이다. 병 속에는 분명 만 원과 천만 원짜리 와인이 모두 들어있으므로 친구는 거짓말을 하지 않았다. 그렇다고 이미 섞여버린 와인을 원래대로 두 병으로 나누는 것은 불가능하다. 그런데 이것을 원래의 상태로 되돌린다는 것이 '맥스웰의 악마'이다. 또 다른 예를 들어보자.

우리 안에 양이 100마리 있다. 문을 열자 모두 목장으로 나가 흩어져버렸다. 저녁이 되어서 양들을 우리로 다시 가두어야 하게 되었다. 공교롭게도 양을 유도하는 목양견은 없다. 양들은 유유자적 제멋대로 움직이고 있다. 어떻게 할 것인가? 당신은 문 옆에 서서 양이 우리 안으로 들어오려고 하면 문을 열어서 양을 들인다. 반대로 안에 있는 양이 밖으로 나가려고 문 가까이 오면 문을 닫아서 양이 밖으로 나가지 못하게 한다. 이렇게 하면 언젠가는 100마리의 양들이 우리에 들어갈 것이다. 당신은 우리 쪽으로 양몰이 하는 노력도 하지 않고 양을 만지지도 않는다.

이 이야기의 '당신' 역할을 미시세계에서 하는 것이 바로 '맥스웰의 악마'이다. 여기서 '악마'란 특별한 의미가 있는 게 아니고 천사든 초능력자든 상관없지만 역사적으로 '악마(demon)'라는 이름이 자주 사용되었기에 여기서도 그렇게 붙였을 뿐이다. 맥스웰은 이 사고실험을 고안한 물리학자의 이름이다. 먼저 이런 사고실험이 이루어진 동기부터 살펴보자.

무에서 유를 창조하고 싶다

무에서 유를 얻는다. 에너지원 없이 얼마든지 에너지를 쓸 수 있는 장치가 있다면……. 이는 에너지 자원이 부족한 나라에게만 한정되지 않은 인류 공통의 희망이다. 오랜 옛날부터 그런 장치가 종종 발표되곤 했다.

예컨대 아래 그림처럼 구슬로 연결된 사슬을 이용한 장치가 있다. 왼쪽의 완만한 사면이 구슬의 수가 많아서 잡아당기는 힘이 크기 때문에 사슬은 시계 반대 방향으로 계속 돌아가리라고 본 것이다. 하지만 이것은 오류임을 바로 알 수 있다. 구슬 한 개를 잡아당기는 중력은 모두 같다. 그러나 그 힘은 사슬 방향으로 잡아당기는 힘과 사면에 수직으로 누르는 힘의 두 개로 나뉘고 사슬 방향으로 잡아당기는 힘만이 사슬을 돌리는 데 관여하게 된다. 따라서 완만한 사면에 놓여 있는 구슬이 사슬을 돌리는 효과는 작다. 정확하게 계산하면 가파른 사면에 실려 있는 구슬 수와 완만한 사면의 구슬

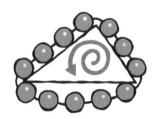

수의 비율과, 사슬을 각각 오른쪽과 왼쪽으로 잡아당기는 힘의 비율이 상쇄되어 사슬은 돌아가지 않는다는 것을 알 수 있다.

이런 어이없는 물건부터 꼼꼼하게 만들어져 제대로 작동이 될 것 같은 장치에 이르기까지 인간은 고대로부터 끊임없이 궁리해왔다. 18, 19세기에는 역학적인 장치와 전자기학적인 장치를 사용한 제안도 나왔다. 실제로 작동하지 않아서 사기사건으로 번진 경우도 있었다. 에셔의 초현실적인 그림에도 영원히 계속되는 운동에 관한 것이 있다.

환상의 영구기관

물리학에서는 에너지를 써서 외부에 변화를 일으키는 것을 '일을 한다'고 표현한다. 그리고 외부로부터 에너지를 공급받지 않고 일을 계속하는 장치를 '제1종 영구기관'이라고 일컫는다. 이런 물건을 만드는 것은 불가능하다고 한 것이 '에너지 보존 법칙'이다.

또 열적 현상을 이용해서 외부에 대해 일을 계속하는 장치를 '제2종 영구기관'이라고 한다. 이것은 제1종 영구기관과 다르게 외부로부터 에너지를 공급받는 장치로, 열을 에너지로 사용하며 그 열에너지를 외부에 버리지 않고 100% 역학적 에너지로 변환해서 계속 작동한다. 단 역학적 · 전자기학적인 에너지는 공급받지 않는다. 이처럼 열적 현상을 염두에 두면 영구기관을 만들 수 있을까?

18세기 후반부터 19세기에 이르는 동안에 산업혁명과 더불어 출현한 증기기관과 기체에 대한 열적 현상이 활발히 연구되었다. 이를 '열역학'이라고 하며 열적 현상을 거시적인 관점에서 다루되 미시적인 메커니즘으로는 언급하지 않는 이론 체계이다. 이 열역학의 기본원리에는 제1법칙과 제2법칙이 있다. 제1법칙은 역학적 에너지와 전자기학적 에너지 이외에 열에너지도 포함한 에너지 보존법칙으로, 제1종 영구기관의 불가능함을 설명한다. 제2법칙은 '열은 온도가 높은 데서 낮은 데로 전달되고 그 반대의 경우는 일어나지 않는다' 혹은 '열에너지를 100% 역학에너지로 변환할 수 없다'는 것으로서 제2종 영구기관 또한 불가능하다고 주장한다.

열적 현상을 미시적인 관점에서 설명하는 '통계역학'이라는 학문에 따르면 열에너지란 그 열에너지를 지닌 물체를 구성하는 분자의 운동에너지를 가리킨다. 다만 보통의 역학적 운동에너지와 크게 다른 점은 그 운동이 무작위로 일어난다는 것이다. 엄청나게 많은 수의 분자가 모두 미시적인 운동에너지를 갖고 있지만 뿔뿔이 흩어져서 임의로 운동하고 있다. 그렇기 때문에 분자의 운동에너지를 모아서 이용할 수 없다. 만약 수많은 분자들이 질서정연하게 운동하고 있다면 그것을 이용할 수 있겠지만 말이다.

에너지에는 질적인 차이가 있다

역학적 운동에너지나 높은 곳에 있는 물체가 지닌 잠재적인 에너지, 혹은 전지의 화학적 에너지, 핵에너지 등 에너지원에는 다양한 형태가 있다. 그런데 열에너지의 경우에는 고온인 물체가 있다고 해도 에너지로서 그대로 이용할 수가 없다.

열원이 한 개뿐이라면 열에너지로의 이용이 사실상 불가능하다. 초고온인 물체가 있는데 그 물체에 열에너지가 많이 있다고 가정해보자. 그러나 그 에너지를 동력원으로서 이용하기 위해서는 반드시 다른 저온의 물체도 필요하다. 이를 열욕(熱浴) 또는 저열원이라고 하는데, 열에너지를 지닌 물체와 열욕 사이의 온도차가 반드시 필요하다. 만약 초고온물체로부터 저온물체로 열이 옮겨져서 같은 온도가 되어버리면 그것으로 끝이다. 온도 차가 없으면 열에너지라는 보물을 갖고도 썩히는 꼴이다.

이용 가능성 측면에서 역학적 에너지는 품질이 우수하고 열에너지는 그보다 떨어진다고 할 수 있다. 그렇게 생각하면 열역학 제2법칙은, 에너지의 질은 갈수록 나빠진다는 것을 의미하는 셈이다. 역학적 에너지를 열에너지로 바꾸는 일은 간단하지만 열에너지를 역학적 에너지로 변환하기란 쉽지 않다.

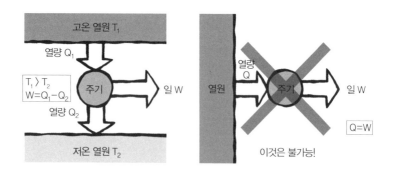

제2종 영구기관도 만들 수 없다.

같은 내용을 통계역학의 관점에서 보면 '엔트로피 증대 법칙'이 된다. 엔트로피란 열역학에서는 열 이동에 관계된 양으로 난해한 개념이다. 통계역학의 관점에서 엔트로피는 대상이 되는 물체를 구성하는 분자의 난잡함, 무질서함의 정도를 가리킨다. 즉 엔트로피 증대 법칙이란 '물체의 상태, 세계의 상태는 점차 난잡해진다'는 것이다. 높은 엔트로피 상태에서 낮은 엔트로피 상태로 자연스럽게 이행하는 것은 불가능하다는 뜻이다.

예컨대 카드 한 세트가 순서대로 정돈되어 있다고 하자. 이것은 경우의 수가 오직 하나뿐인 특별한 경우이며 엔트로피가 최저인 상태이다. 그것을 몇 번 섞다보면 차례대로 있던 것이 흐트러져서 순서가 무작위하게 바뀌어버린다. 즉 높은 엔트로피 상태가 되는 것이다. 반대로 순서가 뒤죽박죽인 카드가 섞여서 순서가 가지런해지는 경우는 일어날 리 없다.

에너지는, 보존은 하지만 불가역적으로 열화(劣化. 절연체가 외부적인 영향이나 내부적인 영향에 따라 화학적 및 물리적 성질이 나빠지는 현상-역자)한다. 엔트로피는 증대한다. 이용 가능한 에너지는 갈수록 줄어든다. 자연이 갖고 있는 이 불가역적인 경향성을 거스르고 에너지의 질을 개선하는 것, 구체적으로 말해서 열에너지를 역학적 에너지로 되돌리는 것은 불가능할까? 이것을 실현하자는 사고실험이 '맥스웰의 악마'이다.

'맥스웰의 악마' 사고실험

전자기학의 맥스웰방정식으로 유명한 스코틀랜드의 물리학자 제임스 클라크 맥스웰(1831~1879)은 통계역학에도 크게 공헌했다. 1871년에 맥스웰은 외부로부터 에너지가 공급되지 않는 한 결코 줄어들 리 없는 엔트로피를 감소시키는 사고실험을 제안했다. 이것이 '맥스웰의 악마'로, 실험의 무대는 기체분자를 가두어놓은 두 개의 방으로 이루어진 상자이다.

상자 안에 기체가 갇혀 있다. 기체는 종류가 동일하고 무작위 운동을 하는 수많은 분자로 이루어져 있다. 분자는 기체의 온도에 맞는 운동 속도로 분포하고 있지만 이야기를 간단히 하기 위해 속도가 빠른 분자와 느린 분자의 두 종류만 있고 그 수는 반반이라고 하자.

상자는 한 개의 방으로 이루어져 있는데 그 한 가운데에 칸막이 벽을 끼워넣는다. 이제 상자는 좌우 두 개의 방으로 나뉜다. 양쪽에는 빠른 분자와 느린 분자가 반씩 섞여 있다. 이때 기체의 분자운동이 에너지를 이용할 수 있는 방법은 없다. 열역학적으로 말하자면 좌우의 방 온도가 같아서 온도차가 없기 때문이다.

여기서 악마가 등장한다. 악마는 왼쪽에서 속도가 빠른 분자가 오면 칸막이에 나 있는 작은 문을 열었다가 그렇지 않을 때는 닫아둔다. 반대로 오른쪽에서 느린 분자가 오면 문을 열고 그렇지 않을 때는 닫아둔다. 이렇게 하면 점차 오른쪽 방에는 빠른 분자가 모여들고 왼쪽 방에는 느린 분자가 모인다.

결국 악마가 등장하기 전에 두 개의 방은 상태가 같고 '온도'도 같았지만 악마가 일한 뒤 오른쪽 방은 고온이 되고 왼쪽 방은 저온이 되어 온도차가 발생한다. 이 온도차를 이용하면 외부에 일을 할 수 있지 않은가!

220

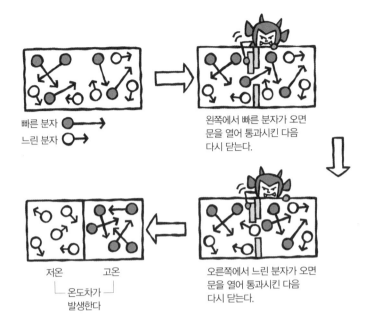

빠른 분자 ●→
느린 분자 ○→

왼쪽에서 빠른 분자가 오면
문을 열어 통과시킨 다음
다시 닫는다.

오른쪽에서 느린 분자가 오면
문을 열어 통과시킨 다음
다시 닫는다.

저온   고온
└─ 온도차가 ─┘
발생한다

　악마는 오직 문을 열고 닫기만 한다. 문이 열려 있으면 분자가 그
대로 통과하기 때문에 악마는 분사에 내해 아무런 에너지도 가하지
않는다. 또 문을 여닫는 데 드는 에너지는 상자 전체가 만들어낼 수
있는 에너지에 비하면 무시할 만한 수준이다. 이렇게 해서 악마는
무에서 유를 창조해냈다. 그렇다면 열역학 제2법칙이 맥스웰의 악
마에 의해 깨진 것일까?

　맥스웰의 악마는 이후 줄곧 패러독스인 양 다루어져 왔다. 20세
기에 들어와서 헝가리 부다페스트 출신의 물리학자 레오 질라드

(1898~1964)는 맥스웰의 악마를 단순화한 모형인 '질라드 엔진'을 고안해서, 악마가 분자를 관측하고 두 개의 방 중 어느 쪽에 있나 하는 정보를 취득하려면 열물리학 단위로 최소한 k_B T In2만큼의 열이 발생한다는 사실을 알아냈다(1929). 그리고 1951년에 물리학자인 레옹 브리유앵은 빛으로 분자의 위치를 파악하는 모형을 이용해서 악마의 관측을 자세히 분석하고, 측정 행위에는 반드시 발열이 따르며 엔트로피가 증가한다는 것을 입증했다.

이렇게 해서 열역학의 제2법칙, 즉 엔트로피 증대법칙은 대전제로서 성립하고 있기 때문에 악마가 분자에게 일을 하지 않고 분자를 분류함으로써 엔트로피가 감소하더라도 그 줄어드는 양보다 악마가 분자의 위치를 관측할 때 발생되는 엔트로피가 훨씬 더 커진다고, 물리학자들은 일단 납득해왔다.

그러나 악마 탄생으로부터 약 100년 후인 1982년, 컴퓨터기업 IBM의 물리학자 찰스 베넷은 질라드 엔진의 사고실험을 통해서 그때까지 있어온 물리학자의 논쟁에 종지부를 찍었다. 질라드 엔진을 개량하여 만든 사고실험 장치를 이용해서 에너지를 소비해서 열을 발생시키지 않고서도 분자의 위치를 측정·기록할 수 있음을 밝혀냈다.

말 그대로 맥스웰의 악마를 완성한 것처럼 보였지만 실은 그게 아니고 악마는 측정 이외의 곳에서 어떻게 해서든 에너지를 소비해서 열을 발생시키지 않으면 안 된다고, 베넷은 지적한 것이다.

'질라드 엔진' 사고실험

질라드는 제2차 세계대전 중 루스벨트 대통령에게 전달된 '아인슈타인 서간'을 기획한 인물로 유명하다. 이 아인슈타인 서간은 미국이 원폭을 개발하는 계기가 되었다고 자주 오해받곤 한다. 그는 원폭 개발뿐 아니라 생물물리학, 정보물리학에 기여한 것으로도 널리 알려져 있다. 질라드는 원폭 개발의 맨해튼계획 때 취한 행동으로 양심 있는 과학자로 분류되지만 정반대의 견해도 있는 등 그에 대한 평가는 일정하지 않다.

1923년에 그는 '질라드 엔진'이라는 사고실험에서 맥스웰의 악마의 본질을 더욱 첨예화시켜 논의했다.

사고실험 Thought Experiment

맥스웰의 악마에서처럼 두 개의 방으로 나뉜 상자가 있고 각 방에 기체가 들어 있다. 단 기체는 한 개의 분자로 되어 있다. 또 상자의 벽은 열을 전달할 수 있는 벽이다.

처음에는 상자에 칸막이가 없고 하나의 공간이다. 그 안을 한 개의 분자가 임의로 움직이고 있다. 그러고 나서 상자 한 가운데에 칸막이가 삽입되고 좌우 두 개의 방으로 나뉜다. 분자는 그중 어느 한쪽에 들어가게 된다.

여기서 악마가 나타나 분자가 어느 쪽에 있는지 관측해서 정보를 얻는다. 오른 쪽 방에 있으면 왼쪽 벽을(분자가 들어있지 않은 공간을 없애듯) 가운데 칸막이까지 밀어 움직인다. 반대로 왼쪽 방에 들어있다면 오른 쪽 벽을 칸막이까지 밀어 넣는다. 그렇게 하면 악마의 측정결과가 어느 쪽이든 분자는 부피가 처음의 절반인 방에 있게 된다.

이제 칸막이를 뺀다. 이동해 들어온 벽에 분자가 부딪혀서 벽이 왔던 방향으로 힘을 가하면 벽은 제자리를 향해 움직이기 시작하고 부피가 1/2이던 방도 원래의 크기로 돌아간다. 이때 분자가 벽에 부딪혀서 밀어낼 때 역학적인 일을 한다. 그 크기는 정보물리학에 따르면 $k_B T \ln 2$이다. 그리고 벽에 부딪혀서 벽을 움직인 분자는 당연히 에너지를 잃어버리지만 상자의 벽은 열을 전달하는 벽이므로 잃어버린 에너지는 외부로부터 열에너지를 받음으로써 회복할 수 있지 않은가!

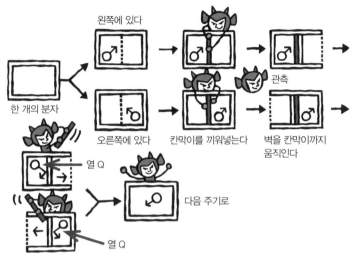

왼쪽에 있다

한 개의 분자

오른쪽에 있다

칸막이를 끼워넣는다

관측

벽을 칸막이까지 움직인다

열 Q

다음 주기로

열 Q

칸막이를 빼면 벽은 제자리로 돌아간다.
이때 외계에 일을 한다.

질라드 엔진의 구조

이 사고실험에서도 맥스웰의 악마 때와 마찬가지로, 악마의 관측이나 벽의 이동 시에 발생하는 열은 무시할 수 있을 정도로 작게 할 수 있다. 실제로 찰스 베넷은 그런 구체적인 실험 장치를 제시했다.

질라드 엔진은 외부로부터 벽을 통해서 열에너지를 공급받는데 이 열에너지를 100% 역학적 에너지로 변환하고 있다. 이것은 열역학 제2법칙에 반한다.

악마는 잊어버릴 때 에너지를 소비한다

여기까지라면 맥스웰의 악마와 별반 다르지 않은 듯하다. 하지만 베넷은 에너지를 소비해서 어쩔 수 없이 열이 발생하는 것, 즉 엔트로피가 발생하는 것은, 그동안 이야기되어온 것처럼 악마가 분자를 관측하는 과정이 아니라 관측 결과의 정보를 지우는 과정에서 일어난다고 보았다.

열을 역학적 에너지로 계속해서 변환시키려면 질라드 엔진이 한 번 작동한 다음 곧바로 다음 주기로 들어가야 한다. 분자가 들어 있는 상자는 느리게 팽창한 다음 처음과 똑같은 부피를 지닌 원 상태의 상자로 돌아간다.

그런데 악마는 분자의 위치를 관측한 결과에 따라 상자를 다르게 조작해야 하기 때문에 조작하기 전에 관측 결과를 머릿속 기억장치에 기록해두지 않으면 안 된다. 이 기억은 초기 상태에서는 오른쪽도 왼쪽도 아닌 중립이고, 이후 관측 결과에 따라 오른쪽 혹은 왼쪽으로 변한다. 그러나 한 번의 작동이 끝난 뒤에 측정결과가 기억장치에 그대로 남아 있으면 초기 상태와는 달라져버려서 다음 주기로 들어갈 수 없게 된다. 운전을 계속하기 위해서는 이전의 정보를 소거해야 하는 것이다

정보물리학에는 정보의 소거, 즉 불가역적인 논리적 연산이 행

해지면 열이 발생해서 엔트로피도 증가한다는 '란다우어의 원리'가 있다. 이에 따르면 1비트의 정보를 잃으면 k_B T In2 이상의 에너지가 소비되어 열이 발생한다. 이 값은 질라드 엔진에서 나온 값과 같다. 따라서 질라드 엔진으로부터 역학적 에너지를 영원히 끄집어내는 것은 불가능하다. 주기마다 기껏 열에너지를 변환해서 뽑아낸 에너지 이상의 에너지를 새롭게 열로 방출하지 않으면 안 되기 때문이다.

맥스웰의 악마는 열을 발생시키지 않고 관측할 수는 있지만 정보를 지울 때 열을 방출하므로 열역학 제2법칙은 역시 깨지지 않는다. 베넷은, 악마는 매장되었다고 논했다.

계산하는 것과 발열

맥스웰의 악마는 거시적인 현상론인 열역학과 미시적인 통계역학이 완성되어가던 시기에 열역학 제2법칙을 깨뜨릴 것처럼 보이는 예로 제시되었다. 악마는 이용 불가능한 열에너지로부터 이용 가능한 질 좋은 에너지를 뽑아낼 수 있으며 돌이킬 수 없는 불가역적인 과정이 진행된 다음에도 원래의 상태로 돌아갈 수 있다는 것이었다.

그 후 이 악마는 약 1세기에 걸쳐서 물리학자들을 괴롭혔다. 하지만 20세기 후반에 들어와 컴퓨터가 실용화되자 컴퓨터가 고성능화되기 시작하였고 이런 흐름에 힘입어 세계적인 컴퓨터회사의 연구자인 찰스 베넷이 '악마를 매장하여' 일단의 해결을 본 것이다.

베넷의 연구진은 메조스코픽물리학(초미세가공기술과 초고감도측정기술 등으로 나노 스케일의 현상을 다루는 물리학)과 정보물리학 분야를 연구하였다. 계산하는 데에는 논리적 제한이 따를 뿐더러 현실적으로 어쩔 수 없이 물리적인 장치를 사용해야 하는 이상 물리적인 제한도 따른다는 인식이 공유되면서 정보과학과 물리학 간의 결속이 단단해지던 시대였다. 계산하는 장치는 발열하므로, 계산한다는 것은 원리적으로 발열을 동반한다. 정보를 취득하려면 반드시 발열이라는 대가를 치러야 하는 것이다.

이런 경향은 1990년대에 더욱 뚜렷해졌다. 구체적으로 말하자면 양자컴퓨터, 양자텔레포테이션, 양자암호, 양자통신 등 현대사회의 근본을 뒤엎을 만한 충격적인 첨단기술이 등장하기 시작했다. 예컨대 오늘날 널리 사용되고 있는 RSA암호라고 하는 공개키 암호 체계가 있는데 양자컴퓨터는 이것을 해독할 수 있다고 한다. 양자컴퓨터가 계산하는 구조도 양자역학의 원리와 얽혀 있는데 최종 단계에 이를 때까지 가역적인 변화만으로 계산 과정을 수행해야 한다는 제약이 있다.

아주 최근 일본에서 맥스웰의 악마를 실현했다는 소식이 있었다. 그 내용을, 계단을 오르락내리락하면서 열운동을 하고 있는 입자에 비유해서 설명해보자.

열운동으로 움직이는 범위는 계단의 폭 정도이다. 입자는 올라 가거나 내려가고 있는데, 평균적으로 점점 아래로 내려간다. 여기 서 맥스웰의 악마가 등장하여 입자를 관측한다. 이때 입자가 계단 을 올라가면 그 뒤를 벽으로 받쳐서 입자가 아래로 내려가지 못하 게 한다. 그렇게 하면 악마가 분자에 힘을 가하지 않아도 입자는 계 단을 올라갈 것이다.

그러나 이 (실제의) 실험도 열역학 제2법칙을 거스르는 맥스웰의 악마를 실현한 것은 아니다. 분자의 상태를 관측해서 그 정보를 바 탕으로 분자에 직접 힘을 가하지 않고 제어하기 때문에 정보는 어 딘가에 남아 있다. 악마가 계속 움직이려면 정보를 소거해야 하기 에 질라드 엔진과 같다. 이 실험은 분자모터라고 일컫는 마이크로 디바이스 기술과도 결부된다.

맥스웰의 악마는 정말로 매장되었을까, 정보란 무엇일까 하는 물 음이 양자역학의 관측이론 등과도 관련해서 다시 제기되고 있는지 도 모른다.

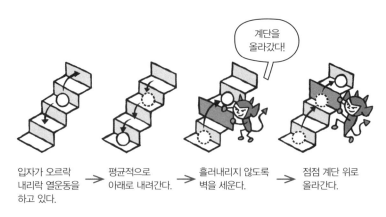

입자가 오르락
내리락 열운동을
하고 있다.

평균적으로
아래로 내려간다.

흘러내리지 않도록
벽을 세운다.

점점 계단 위로
올라간다.

'맥스웰의 악마'가 실현되었다?

결론

뒤섞여버린 것이라도 원래 상태로 분리할 수 있다면 이용 가능한 에너지가 만들어진다. 무질서한 무작위 운동이라도 그것을 가지런하게 해줄수 있다면 이용 가능한 에너지가 얻어진다. 각각의 분자에 대해 개별적으로 작동해서 운동을 가지런하게 할 필요는 없다. 변덕스럽고 뿔뿔이움직이고 있던 분자가 때마침 형편에 맞게 움직였을 때 그것이 원 상태로 돌아가지 않게 해주기만 하면 된다.

하지만 그런 선별을 하기 위해서는 분자 운동을 관측해서 정보를 얻어야 한다. 정보를 얻거나 초기 상태로 되돌리기 위해 기억을 소거하려면필수적으로 에너지를 열 형태로 소비해야 한다는 것을 알 수 있었다. 즉맥스웰의 악마는 기능하지 않으며 제2종 영구기관은 불가능하다. 이미엎질러진 물처럼 난잡하게 흩어져버린 것은 저절로 원래의 질서정연한상태로는 돌아오지 않는다.

어느 쪽이
돌고 있나?

아인슈타인→마흐→뉴턴

아인슈타인이라고 하면 일반상대성이론이 대단히 유명한데 이 역사적인 위업의 탄생에는 '마흐의 양동이'라는 사고실험이 깊이 관련되어 있다. 에른스트 마흐(1838~1916)는 오스트리아의 물리학자이자 철학자로, 전투기 속도를 나타내는 '마하수(數)'로 잘 알려져 있다. 아인슈타인의 일반상대성이론은 마흐의 사고실험에서 힌트를 얻어 만들어진 것이다. 천재 아인슈타인이 감명받을 정도였다는 마흐의 원리, '마흐의 양동이'란 과연 어떤 사고실험일까? 이를 설명하기 위해서는 먼저 마흐보다 200년 정도 앞서 등장하여 근대과학의 조상이라고 일컫는 물리학자 · 수학자인 아이작 뉴턴(1642~1727)이 활동했던 시대로 거슬러 올라가야 한다.

'뉴턴의 양동이' 사고실험

운동에는 병진운동(並進運動: 평행이동운동)과 회전운동이 있다. 등속인 병진운동에서는, '갈릴레이의 상대성 원리'(244페이지 참조)로 정리되듯이 관측자가 움직이고 있는지 멈추어 있는지를 실험에서 정할 수는 없다. 서로 등속으로 운동하고 있는 좌표계에서는 어느 쪽이든 같은 물리법칙이 성립하기 때문이다.

그러나 회전운동에서라면 절대공간에 대해서 회전하고 있는지 아닌지는 '원심력'의 유무로 판별할 수 있지 않을까, 하고 뉴턴은 생각했다. 이것이 뉴턴의 양동이 사고실험이다. 절대공간이란 모든 운동의 기준이 되는, 정지 상태인 공간을 말한다. 이제 뉴턴의 양동이 사고실험을 살펴보자.

사고실험 Thought Experiment

물이 들어 있는 양동이가 줄에 매달려 있다. 이 줄을 잔뜩 꼬았다가 푸는 식으로 양동이를 회전시킨다. 순서대로 관찰해본다.

(1) 처음에는 양동이와 그 안에 들어 있는 물도 정지해 있다. 이
    때 양동이와 물은 상대적으로 정지해 있다.
(2) 다음으로 양동이가 회전하기 시작한다. 그러나 양동이 안의
    물은 관성에 의해 그대로 정지 상태이다. 이 단계에서 양동
    이와 물은 상대적으로 회전하고 있다.
(3) 시간이 지나면 양동이의 회전이 물에 전달되어 물도 양동이
    와 같은 속도로 회전하기 시작한다. 이때 다시 양동이와 물
    은 상대적으로 정지 상태가 된다.

그런데 이 때 양동이 안의 수면은 어떻게 될까? (1)에서는 수면
이 평평하다. (2)일 때에는 양동이와 물이 상대적으로 회전하고
있지만 수면은 여전히 수평인 상태이다. (3)의 단계가 되면 양
동이와 물은 상대적으로 정지해 있는데도 물이 점차 양동이 벽
쪽으로 밀려나서 가장자리 쪽의 수면이 높아진다.
물이 회전해서 원심력이 발생하는 것은 이 중 어느 경우일까?

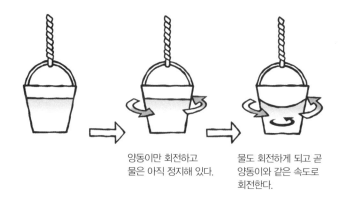

양동이만 회전하고
물은 아직 정지해 있다.

물도 회전하게 되고 곧
양동이와 같은 속도로
회전한다.

'뉴턴의 양동이'에서는 무엇이 돌고 있는가?

　(3)의 단계에서 물이 바깥쪽으로 기울어 가장자리의 수면이 올라간 것은 회전운동에 의한 원심력 때문이다. 그러나 (1)과 (3)일 때 양동이와 물은 상대적으로 회전하고 있지 않다.

　여기서 '원심력은 상대적으로 회전할 때 발생한다'는 주장을 취하면 어떻게 될까? (1)과 (3)에서는 원심력이 발생하지 않을 것이라는 예측이 가능하다. 그런데 (1)에서는 수면이 수평이고 (3)에서는 가장자리가 올라가는, 서로 다른 결과가 나왔다. 심지어 (3)에서는 원심력이 발생했다. 이것은 원심력이 상대운동에서 발생한다는 주장으로는 설명이 불가능하다는 뜻이 아닌가?

　반대로 (2)에서는 양동이와 물이 상대적으로 회전하고 있는데도 원심력은 발생하지 않았다. 이것도 상대운동설 아래서는 이해되지 않는다.

독일의 철학자이자 만능학자인 고트프리트 라이프니츠(1646~1716)가 상대적인 회전이 있으면 원심력이 발생한다고 주장했는데 뉴턴은 이를 반박하려고 한 것이다.

친숙한 예를 하나 더 들어보자. 여자 피겨스케이트 선수가 맹렬한 기세로 스핀을 계속하면 스커트가 활짝 펼쳐진 상태가 된다. 이것은 회전에 의해 '원심력'이 작동하기 때문이다. 그렇다면 스케이트 선수는 서 있고 관람석이 선수 둘레를 돌고 있다면 어떨까? 스커트가 펴질 리 없다. 하지만 두 경우 모두 스케이트 선수와 관람석은 상대적으로 회전하고 있는 셈이다. 그러나 후자의 경우 선수가 서 있는 모습을 관람석 너머 대단히 먼 곳에서 바라보면 선수는 멈춰 있고 관람석이 돌고 있음을 알 수 있다. 원심력은 발생하지 않는다.

또 시야에 들어오는 모든 범위가 스케이터의 눌레를 돌고 있다면 어떨까? 이 문제는 나중에 '마흐의 양동이'에서 다루기로 한다.

그런데 스케이터가 회전하고 있다는 것은 대체 무엇을 기준으로 삼는다고 보면 좋을까? 원심력의 발생 유무가 회전하고 있는지 아닌지를 판가름하는 기준이 될까? 원심력은 절대적으로 정지 상태인 절대공간이라는 것이 있고 그것에 대해서 돌고 있을 때 발생하는 것일까, 아니면 상대적인 회전에서도 발생할까?

한편 뉴턴은 끈으로 연결된 두 개의 물체에 관한 사고실험도
했다.

끈으로 연결된 두 개의 물체를 회전시키면 원심력의 발생 유무
에 따라, 즉 끈의 장력을 측정하면 절대공간에 대해서 회전운동
을 하고 있는지 여부를 알 수 있을 것이다. 겉으로는 회전하고
있는 것처럼 보이더라도 장력이 발생하고 있지 않으면 두 개의
끈으로 연결된 물체는 기준인 절대공간에 대해 회전하고 있지
않은 것이다!

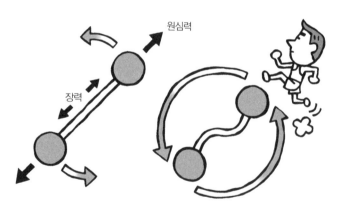

원심력

장력

관측자가 돌면 두 개의 물체는
돌고 있는 것처럼 보이지만……

끈으로 연결된 물체는 회전하고 있을까?

절대공간과 관성

뉴턴의 양동이 사고실험에 등장한 절대적으로 정지 상태인 '절대공간'이란 그렇게 중요한 것일까? 뉴턴은, 자신의 이름이 붙어 일컬어지는 '뉴턴역학'을 구축하는 데 있어 절대공간이라는 틀이 물체 운동을 기술하기 위해 필요하다고 보았다. 뉴턴에게 있어 절대공간이란 균일하고 무한하게 펼쳐진 공간이며 물질은 그 속에서 운동한다. 모든 운동은 정지해 있는 절대공간에 대한 운동이다.

만약 우주에 한 개의 물체만 있다면 운동한다는 것은 의미가 없다. 그 물체 이외의 것이 하나도 없다면 무엇에 대해 움직이고 있는지를 정의할 수 없기 때문이다. 물체가 두 개 있어야 비로소 서로 간의 거리라는 개념이 의미를 갖게 된다. 그러나 뉴턴은 물체가 한 개밖에 없는 공간에서도 뉴턴역학이 성립해야 한다고 생각했다. 뉴턴에게는 절대공간이 필요한 것이다.

등속운동을 하고 있는 물체는 직선운동을 그대로 계속하려고 한다. 그 직선운동을 바꾸려면 힘을 가해야 한다. 물체를 정지시키려고 하면 그 물체는 그때까지의 운동 상태를 유지하려고 하기 때문에 정지시키려고 하는 힘에 저항한다. 이것은 우리가 일상적으로 경험하고 있다.

또 회전운동의 경우에도 회전을 멈추려면 힘이 필요하다. 돌고 있는 물체의 회전에는 멈추기 어려운 것과 멈추기 쉬운 것이 있다.

이처럼 운동 상태를 바꾸려고 할 때 저항이 일어나는 것을 '관성'이라고 하며 이 관성은 물질의 양을 나타내는 '질량'의 크기에 비례한다. 다만 회전운동에서는 질량과 회전반경의 곱인 '관성모멘트'라는 개념이 질량을 대신해서 관성을 나타내는 양이 된다.

뉴턴의 양동이 사고실험에서는 무엇에 대한 운동 상태가 변할 때 운동하고 있다고 느껴지는가가 쟁점이었다고 할 수 있다. 이때 운동 상태의 변화를 나타내는 것이 원심력으로, 원심력은 물체가 질량에 비례해서 운동 상태의 변화에 거스르는 성질(관성)을 갖고 있기 때문에 발생한다. 따라서 뉴턴의 양동이는 관성이란 무엇이 원인이 되어 일어나는 현상인가를 묻는 사고실험이었다고 할 수 있다.

라이프니츠는 뉴턴 본인이 아니고 뉴턴의 대변자 격인 새무엘 클라크와 편지를 주고받으며 논쟁(1715~16)을 벌였는데 이 논쟁에서는 뉴턴에게 승리가 돌아간 듯하다. 즉 상대적인 회전에서 원심력은 발생하지 않는 것처럼 보인다. 그러나 이 논쟁으로부터 167년이 지난 뒤 마흐가 다시 이 사고실험을 다루게 된다.

'마흐의 양동이' 사고실험

1883년 오스트리아의 물리학자이며 철학자인 에른스트 마흐는 아래와 같은 사고실험에서 뉴턴을 비판했다.

사고실험 Thought Experiment

뉴턴의 양동이에서 양동이의 벽 두께를 엄청나게 두껍게 하면 어떻게 될까? 양동이가 점점 두꺼워져 극한에 다다르면 전 우주가 양동이가 된다(자기 이외의 전 우주가 양동이가 되는 것이 포인트). 그런데 양동이와 물도 정지해 있는 상태에서 거대한 양동이를 돌려나가면 전 우주 안에서 물이 회전하고 있는 것이 된다. 그러므로 수면 가장자리는 올라가지 않는가? 그리고 양동이의 움직임이 점차 물에 전달되어 물과 거대한 양동이가 함께 움직이기 시작해서 상대적인 회전이 없어졌을 때에는 전 우주 안에서 물은 회전하고 있지 않은 것이 된다. 그러므로 수면은 수평이 되지 않는가?

그렇게 해서 이 마흐의 양동이에서는 거대한 양동이, 즉 우주 전체의 질량분포에 대해 물이 상대적으로 회전하고 있을 때에만 원심력이 발생하고 가장자리의 수면이 올라간다. 즉 상대적으로 회전하고 있는지 어떤지에 따라 원심력의 발생 여부가 정해지는 것이다.

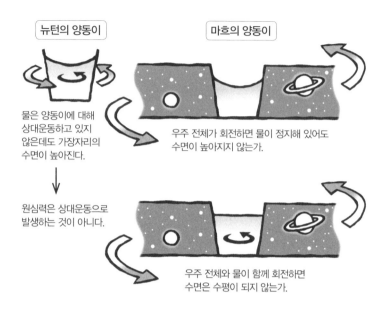

뉴턴의 양동이

마흐의 양동이

물은 양동이에 대해
상대운동하고 있지
않은데도 가장자리의
수면이 높아진다.

우주 전체가 회전하면 물이 정지해 있어도
수면이 높아지지 않는가.

↓

원심력은 상대운동으로
발생하는 것이 아니다.

우주 전체와 물이 함께 회전하면
수면은 수평이 되지 않는가.

'마흐의 양동이'의 양동이는 전 우주이다.

이것은 라이프니츠의 주장이다. 그러나 마흐는 사고실험에서 그런 주장도 가능하다고 보았을 뿐 필연적으로 수면이 높아질 수밖에 없다고까지 주장한 것은 아니다.

그렇다면 원심력은 상대적인 관계에 의해 정해진다는 라이프니츠나 마흐의 주장과, 뉴턴의 절대공간 중 어느 쪽이 옳을까?

물론 마흐는 뉴턴의 양동이의 상황에서도 상대적인 회전운동에 의해 원심력이 발생한다고 주장하는 것이 아니다. 마흐의 양동이의 상황처럼 전 우주의 물질 분포에 대해 회전하고 있으면 원심력이 발생한다고 주장한다. 물질과 관계없이 절대적으로 정지해 있는 절대공간이 있고 그 속에서 전 우주가 회전한다고 하는 뉴턴의 주장은 무의미하다고 말하고자 했다. 즉 전 우주의 물질 분포야말로 뉴턴의 절대공간이었던 것이다. 관성의 기원은 전 우주의 물질의 분포로부터 받는 중력이 아닌가 여겨진다.

현대 물리학에서 '마흐의 양동이'는 어떻게 되었나

어떤 물체의 운동은 다른 물체와 상호 관계를 가져야만 의미가 있다는 사고방식을 마흐의 원리라고 하는데 이 말을 처음 사용한 사람은 아인슈타인이다. 구체적으로 말하자면 원심력 같은 관성에 의한 힘은 우주 전체의 물질로부터 받는 중력에 의해 발생한다는 섯이다. 아인슈타인은 마흐의 원리의 흐름을 이어받아 가속도에 의한 관성력과 중력의 등가성을 전제로 하는 '등가원리'(실험파일 17 참조)를, 그의 일반 상대성이론(1916)을 구축하는 지도 원리로 삼았다.

그 결과 완성된 일반상대성이론에 입각해서 아인슈타인을 비롯한 연구자들은 마흐의 양동이의 상황을 고찰했다. 우주에서 양동이 안의 물에 해당하는 물체와 그것을 둘러싸는 양동이에 해당하는 커다란 구각(구의 껍질)을 상정한 다음, 구각이 병진가속운동과 회전운동을 하고 있다면 어떻게 될지를 일반상대성이론으로 계산했다. 그러자 구각의 병진운동에는 중심의 물체가 질질 끌려가는 효과가, 구각이 회전하면 중심의 물체에 원심력 같은 효과가 일어난다는 것을 알게 되었다. 마흐의 양동이에 대해서는 상대운동이 원심력을 일으킨다는 사실이 밝혀진 것이다.

그러나 이것이 곧바로 뉴턴의 패배를 의미하지는 않는다. 일반상대성이론을 전제로 하면 마흐의 양동이는 그렇게 된다는 뜻이다. 일반상대성이론이 아닌 이론이 있다면 어떻게 될지 알 수 없다.

또한 뉴턴의 양동이에서는 양동이와 물 이외에도 지구와 은하계 같은 우주의 물질이 있다는 설정이므로 뉴턴의 주장과 일반상대성이론의 결과는 일치한다고 볼 수도 있다. 일반상대성이론에 의한 계산에서 우주의 물질에 해당하는 거대한 구각 안에 또 하나의 뉴턴의 양동이에 해당하는 구각을 삽입하고 그 안에 담긴 물을 상정하면 뉴턴이 말한 대로 될 것이다.

결국 양동이와 물 이외에 아무것도 없는 우주에서는 어떻게 될지 모른다고 말하는 편이 나을지도 모른다.

결론

어느 쪽이 돌고 있을까? 무엇에 대해서 돌고 있을까? 그것은 원심력의 발생 여부로 판별할 수 있다. 이것이 '뉴턴의 양동이' 사고실험의 논점이었다. 뉴턴은 상대적인 운동에서는 원심력이 발생하지 않으며 절대공간이라는 틀이 있어서 그것에 대해서 돌고 있을 때에만 원심력이 발생한다고 보았다.

이와 반대로 마흐는 우주 전체의 질량 분포야말로 회전의 기준이 된다고 주장했다. 우주 규모로 대단히 두꺼운 '마흐의 양동이'는 우주 전체의 질량분포를 나타낸다. 전체와의 관계성에 의해 원심력이 발생하는 것이다. 그리고 원심력은 물체가 지닌 관성(질량)으로부터 발생하므로 마흐의 양동이는 관성의 기원에 관한 사고실험이라고 할 수 있다.

이런 관점은 최근 뇌 과학 등에서도 볼 수 있는데 예컨대 뉴런의 발화(發火)는 뇌 전체의 뉴런네트워크 안에서 뉴런 간의 상호 관계에 의해 결정된다고 설명되고 있다.

갈릴레이의 상대성 원리에서 뉴턴역학으로

갈릴레이의 상대성 원리라는 것이 있다. 갈릴레이가 딱히 독창적으로 내세운 것은 아니지만 아리스토텔레스를 주축으로 하는 천동설에 맞서서 지동설을 주장한 논자가 사고실험이나 실제 실험으로 반박할 때 자주 사용한 원리이다.

아리스토텔레스주의자는 지구가 움직이고 있을 리 없다고 단언한다. 지구가 만약 움직이고 있다면 탑 위에서 물건을 떨어뜨렸을 때 그 물체는 마땅히 탑에서 거리가 벗어난 곳에 떨어져야 한다. 물건이 떨어지고 있는 동안 지구가 이동하기 때문이다. 그러나 실제로 해보면 물체는 탑에서 수직으로 떨어지는 것처럼 보인다. 그러니 지구는 정지해 있다, 라고 하는 것이 아리스토텔레스주의자의 논법이다. 또한 만약 지구가 움직이고 있다면 항상 바람을 받을 것이라는 논의도 있었다.

한편 상대 운동에 관한 이해는 갈릴레이 시대까지 제법 이루어져 있었다. 일찍이 14세기의 신학자 장 뷔리당이, '배가 움직이고 있는지 정지해 있는지는 배 위의 실험으로는 정할 수 없다'고 주장한 바 있다. '움직이고 있는 배의 돛대 위에서 물체를 낙하시키면 어디로 떨어질까' 하는 문제는, 지동설과 무한우주론을 옹호하는 바람에 1600년에 화형에 처해진 수도사 조르다노 브루노나 천문학자인 티코 브라헤, 요하네스 케플러 등도 논하고 있다.

아리스토텔레스의 운동이론을 비판했던 프랑스의 철학자 피에르 가

샹디(1592~1655)는 1640년에 실제로 움직이고 있는 배의 돛대 위에서 물체 낙하실험을 했다. 프랑스의 마르세유 바다에서 움직이고 있는 배의 돛대 아래서 수직으로 물체를 던져 올린 다음 돛대 아래로 떨어지는 것을 확인했다. 그리고 만약 이 실험을 제방이나 다른 배에서 바라보면 포물선을 그리며 움직이는 모습이 보였을 것이라면서, 이 운동은 물체 던지기와 배의 진행의 합성운동이라고 주장했다.

앞에서 아리스토텔레스주의자가 내세운 지동설의 난점 중 지구가 움직이고 있다면 바람을 받고 있어야 한다는 주장에 대해서는 공기도 지구와 함께 움직인다고 반박하면 된다. 탑 위의 물체 낙하실험에 대해서 뷔리당은 물체도 그 주위의 공기가 운반하고 있다고 보면 된다고 주장했다.

정리하자면 갈릴레이의 상대성 원리란 등속으로 운동하는 물체 위에서는 정지해 있는 물체 위에서와 똑같은 운동이 관찰된다는 것이다. 갈릴레이는 이 원리를 바탕으로 한 사고실험을 통해서 아리스토텔레스주의자에 맞서 지동설을 옹호했다.

바닷가에서 보면 포물선 운동을 하고 있는 물체가, 배 위에서는 직선으로 낙하하는 것처럼 보인다. 배 위의 실험에서는 배가 움직이는지 어떤지 알 수 없다. 지구도 이와 같아서, 탑 위에서 물체가 수직으로 떨어지는 실험에서 지구의 움직임은 검출할 수 없다고 주장한 것이다.

뉴턴역학은 이러한 '운동은 상대적이다'라고 하는 견해를 도입하여 성립했다. 여기서는 운동하고 있는 물체로부터 발사된 물체의 속도는 발사한 물체 속도와 발사된 물체 속도의 단순한 덧셈·뺄셈이 된다.

바닷가에서 보면 포물선 운동을
하고 있다.

배 위에서는 제자리로
떨어진다.

배 위에서 수직으로 물체를 던져 올리면

아인슈타인 – 16세 때 사고실험에서
특수상대성이론으로!

빛은 늦게 찾아온다

번쩍, 우르르 쾅! 이것은 벼락이 내리치는 상황을 묘사하는 말이다. 예로부터 습관처럼 쓰이고 있는 이 두 개의 의성의태어는 이치에 걸맞은 표현이다. 벼락이 내리칠 때에는 먼저 하늘이 환해지며 번개가 나타난다. 그리고 조금 있다가 우르르 하고 큰 소리가 들리면서 진동이 전달된다. 이것은 번개의 빛의 속도가 소리가 전달되는 속도보다 빨라서 발생하는 현상이다. 그래서 우르르 하는 소리가 들렸을 때는 이미 현지에서 훨씬 전에 벼락이 떨어진 상태이다.

그러나 사실은 세상에서 가장 빠르게 번쩍하는 빛도 실제 떨어지는 벼락보다 아주 약간이기는 하지만 느리다.

예를 들어 천체망원경으로 안드로메다 성운을 관찰한다고 하자. 230만 광년 너머에 있는 안드로메다 성운의 광경은 빛이 230만 년 걸려서 전달된 230만 년 전에 있었던 일이다. 태양을 관측할 때 보이는 흑점은 8분 전의 흑점 모습이다.

하지만 우리는 그것을 지금 존재하는 안드로메다성운이나 태양인 양 느낀다. '지금' 태양에 대이변이 일어났다고 해도 지구에 있는 우리가 그것을 알아차리려면 8분을 기다려야 한다. 멀리 떨어져 있는 장소의 '지금'이란 세상에서 가장 빠른 빛의 신호가 지구에 도달한 시점을 의미한다. 이는 우리에게 '동시(同時)'란 무엇인가를 새삼 생각하게 하는 대목이기도 하다. 이처럼 떨어져 있는 장소에서 일어난 사건의 동시성이, 저 유명한 알베르트 아인슈타인(1879~1955)이 특수상대성이론을 세우기 위한 근본적인 바탕이었다.

'광속도 역설'−광속도로 빛을 뒤쫓아 가면

그러면 아인슈타인이 특수상대성이론을 구축하는 데 있어 어떤 사고실험을 토대로 전개해나갔는지 살펴보자.

먼저 아인슈타인이 16살이던 해인 1895년에 했던 사고실험이다. 그는 이미 전자기학을 배우면서 빛은 전자파이며 일정한 속도(광속)로 나아간다는 사실을 알고 있었다. 그리고 당시의 일반적인 인식처럼 빛은 에테르라는 가상 물질의 매질 속을 이동하는 파동이라고 생각하고 있었던 듯하다. 빛은 에테르에 대해 정지 상태인 좌표계에 광속으로 전달된다는 것이다.

그렇다면 에테르에 대해 움직이고 있는 관측자에게는 광속이 다르게 보일 것이다. 다시 말해 빛 같은 전자기학적인 현상도 뉴턴역학과 마찬가지로 '갈릴레이의 상대성 원리'(244페이지 참조)에 따라야 한다. 상대 운동하고 있는 물체는 어느 쪽이 움직이고 어느 쪽이 정지해 있는지 판가름할 수 없다. 빛의 경우도 마찬가지일 것이다. 그래서 그는 이렇게 생각했다.

사고실험 Thought Experiment

광속으로 빛을 뒤쫓아가는 관측자가 있다고 가정하자. (갈릴레이의 상대성 원리에 따르면) 그에게는 빛이 정지되어 있는 것으로 보일 것이다. 만약 공간적으로 변화하고 있는 빛의 파동이 정지 상태로 보인다면 관측자는 자신이 절대 정지 공간에 대해 광속으로 달리고 있다는 증거를 잡았다는 이야기가 된다. 하지만 이 것은 등속 운동을 하고 있는 계(또는 좌표계)에 속해 있는 당사자는 자신이 어떤 운동을 하고 있는지 알 수 없다는 갈릴레이의 상대성 원리에 위배되지 않는가?

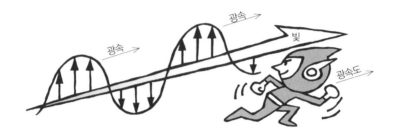

광속도로 이동하면 빛의 전자장이 멈춰 있는 것처럼 보일까?

아인슈타인은 이 사고실험에 등장하는 완전한 정지 상태인 전자장(빛의 파동)이라는 것이 관측될 리 없다고 생각했다. 빛을 쫓아가는 것도 불가능할 뿐더러 광속도와 관측자 속도의 관계를 단순한 덧셈으로 도출해낼 수 없다고 본 것이다.

그로부터 10년 후인 1905년, 아인슈타인은 '특수상대성이론'에 관한 논문을 내놓으면서 이 모순을 해결하게 된다. 특수상대성이론은 얼핏 모순처럼 보이는 '광속도 불변의 원리'와 '상대성 원리'의 두 가지 원리를 양립시킨 이론이다.

'통과하는 기차 안의 동시성' 사고실험

당신은 플랫폼에 서 있다. 기차가 플랫폼 앞 철길을 왼쪽에서 오른쪽으로 등속으로 통과하고 있다. 그때 번개가 플랫폼의 양쪽 끝에 내리쳤다. 번개는 동시에 친 것일까? 단 광속은 실험을 통해 알려진 대로 어떤 운동 상태의 관측자에 대해서든 일정하다고 한다.

번개가 플랫폼 양끝에 동시에 내리쳤는지를 판별하기 위해 먼저 플랫폼 전체 길이의 중간 지점을 측정한다. 그 자리에 서서 번개가 친 순간 왼쪽과 오른쪽에서 일어난 섬광을 동시에 보았다면 번개가 동시에 플랫폼 양끝에 내리친 것이라고 보아도 좋을 것이다.

이제 같은 상황을 통과하는 기차를 타고 관측해보자. 플랫폼에 서 있는 당신이 보기에 기차에 탄 관측자가, 번개가 동시에 내리친 그 순간 당신과 똑같은 위치에 있게 된다고 가정하자. 기차 안의 관측자에게는 플랫폼 양끝에 떨어진 번개가 어떻게 보일까?

번개가 내리칠 때 섬광은 광속으로 전달된다. 그러는 동안에도 기차는 오른쪽으로 달리고 있다. 기차에 탄 관측자도 오른쪽으로 이동하고 있다. 플랫폼 왼쪽 끝에서 번개가 내리쳤음을 알려주는 광신호가 플랫폼 중간 지점에 있는 당신에게까지 왔을 때, 기차 안에 있는 관측자는 오른쪽으로 더욱 나아가고 있기 때문에 아직 광신호를 받지 않은 상태이다. 반대로 플랫폼 오른쪽 끝에 번개가 내리쳤다는 광신호는 당신이 있는 장소까지 오기 전에, 오른쪽으로 이동하면서 광신호에 가까워지고 있는 기차 안의 관측자에게 도달한다.

이렇게 해서 플랫폼의 당신에게는 동시에 발생하는 번개가, 기차 안에 있는 관측자에게는 플랫폼 오른쪽에 내리친 번개가 왼쪽의 것보다 먼저 일어난 셈이 된다.

정지해 있느냐 움직이고 있느냐에 따라 사건의 동시 발생 여부가 달라진다.

이처럼 어느 쪽이 먼저 일어났는가는 관측자의 운동 상태에 따라 달라진다. 플랫폼에 서 있는 관측자에게는 좌우의 번개가 동시에 일어났지만 기차 안 관측자에게는 오른쪽 번개가 내리친 다음 왼쪽의 번개가 일어나게 된다.

이것은 단순히 시간의 전후관계가 뒤바뀐 양 보이기만 하는 게 아니다. 우리는 먼 곳에서 일어나는 사건을 현실적이고 물리적인 수단으로밖에 파악할 수 없기 때문에 실제로 먼 곳에서 발생한 사건의 전후관계는 관측자의 운동 상태에 따라 달라진다.

만약 사건을 전달하는 신호로서 음파를 사용했다 하더라도 사건을 인지하는 것에 대한 동시성은 무너지게 된다. 그러나 음파의 전달 속도는 관측자에 따라 다르므로 초음속으로 추월할 수도 있다. 음파의 경우에는 사건 발생 자체의 동시성이 무너지는 게 아니라 단순히 연락이 지연될 뿐이다.

'광시계' 사고실험

우주로부터 내리쬐는 우주광선입자는 제각기 유한한 수명을 다하고 사라진다. 그중에서 뮤온이라는 소립자는 이론상 평균 수명이 지표에 도달하기 전에 소멸해버릴 정도로 대단히 짧다. 그런데 지표에 도달하기 전에 소멸해야 할 이 뮤온이 실상 지표 언저리에서도 관측된다고 한다. 동시성의 판정 여부가 관측자의 운동 상태에 따라 달라진다는 사실을 더 깊이 파고 들어가면 운동하고 있는 물체의 시간은 정지 상태인 관측자의 시간보다 느리게 간다는 결론에 이르게 되는데 이것으로 뮤온의 지표 관측 현상을 설명할 수 있다.

지상에서 볼 때 우주로부터 광속도에 가까운 속도로 지구에 내리쬐는 우주광선입자는 입자의 '시간 지연'에 의해서 정지해 있는 입자보다 수명이 길어진다. 그래서 성층권과 대기를 돌파할 시간적 여유가 생겨나고 지상에서도 관측되는 것이다. 운동하는 물체의 '시간 지연'을 유도하는 여러 가지 사고실험 가운데서 여기서는 '광시계(光時計)' 사고실험을 살펴보기로 하자.

사고실험 Thought Experiment

수직 방향으로 간격이 벌어져 있고 아래쪽에는 광원, 위쪽에는 거울이 달린 장치가 있다. 빛을 수직으로 쏘아 올려 거울에 부딪혀 돌아오는 데 걸리는 시간을 2t라고 한다. 다음으로 이 장치가 오른쪽 방향으로 속도 v로 움직이고 있다고 한다. 이 장치를 타고 움직이고 있는 관측자에게 빛이 왕복하는 데 걸리는 시간은 2t이다. 만약 움직이고 있는 장치 밖에서 정지 상태인 사람이 이 광경을 바라보면 어떻게 될까?

정지해 있는 사람이 보기에 빛은 오른쪽 위로 비스듬하게 올라가서 거울에 부딪힌 다음 반사되어 오른쪽 아래로 비스듬하게 내려와 마침 그 위치까지 이동해오고 있던 장치의 광원에 부딪힐 것이다. 즉 정지한 관측자에게는 빛이 광원과 거울 사이를 왕복하는 경로가 길다. 광속 c는 일정하므로 왕복하는 시간도 길어진다. 즉 똑같은 현상이 완료될 때까지 걸리는 시간은, 이동하고 있는 관측자에게는 2t이지만 정지한 관측자에게는 그림에서 알 수 있듯이 그보다 긴 2t′가 된다. 다시 말해 운동하고 있는 물체 안 시계는 느리게 가고 있는 것이다! 그림으로부터 이 길이를 계산하면 시간 지연이 도출된다.

$$t' = \frac{t_0}{\sqrt{1-V^2/C^2}}$$

움직이고 있으면 시간이 느리게 간다.

'공간적 거리의 상대성' 사고실험

이제 시간이 아닌 공간에 대해서 생각해보자. 일반적으로 어떤
물체의 길이를 측정할 때 우리는 물체의 한쪽 끝에서 다른 한쪽 끝
까지의 거리를 자로 재서 값을 얻는다. 그런데 이때 물체가 움직여
버리면 의미가 없다. 반드시 양쪽 끝을 '동시'에 측정해야 한다. 그
런데 물체가 운동하고 있으면 동시성이 무너지게 되므로 길이도 변
화하는 것이다.

사고실험 Thought Experiment

플랫폼의 길이를 L이라고 하자. 플랫폼에 대해 속도 v로 이동
하고 있는 기차 안에 있는 시계는 플랫폼에 있는 관측자 쪽에
서 보면 느리게 간다. 따라서 이동하는 기차에게는 플랫폼을 통
과하는 시간이 적게 드는 셈이다. 한편 이동 중인 기차에서 바
라본 플랫폼의 길이는 기차가 통과하는 데 걸린 시간과 기차의
속도를 곱한 값이다. 기차 안에서의 시간이 플랫폼에 있는 관측
자보다 적게 걸리므로 기차에서 바라본 플랫폼의 길이는 플랫
폼에서 측정한 길이 L보다 짧다. 기차에서 보면 플랫폼이 이동
하기 때문에 운동하는 물체(플랫폼)의 길이가 짧아지는 것이다.
운동은 상대적이므로 반대로 플랫폼에서 기차를 바라보면 기

차의 길이가 짧아진다.

이처럼 광속이 일정하다는 것을 전제로 하면 서로 한결같은 운동을 하고 있는 좌표계 사이의 변환은, 광시계의 사고실험에서 유도된 식과 합해서 서로 등속직선운동을 하는 좌표계 사이의 시간·공간좌표 변환식인 로렌츠변환으로 정리할 수 있다.

이 로렌츠변환은 공간인 3차원과 시간인 1차원을 통합하여 4차원 공간을 상정하면 간단히 기술할 수 있다. 이 4차원 공간에서는 공간과 시간이 어떤 의미에서 섞여 있다. 왜냐하면 운동하고 있는 좌표계의 시간을 나타내는 식에는 원래 좌표계의 위치 값과 시간 값이 함께 들어 있다. 마찬가지로 운동하고 있는 좌표계의 위치를 나타내는 식에는 원래 좌표계의 시간 값과 위치 값이 함께 들어 있기 때문이다.

자세한 설명은 생략하지만 이것이 특수상대성이론의 귀결로서 유명한 '질량과 에너지의 등가성', 즉 'E=mc^2'이라는 식을 이끌어 냈다. 아주 작은 질량을 쓰고도 어마어마한 양의 에너지 방출을 일으키는 원자폭탄 같은 핵에너지를 이용할 수 있는 길이 열리고 만 것이다.

특수상대성이론의 두 기둥

특수상대성이론이 출현하기 직전 무렵의 실험물리학 상황을 잠시 들여다보자. 당시에 빛은 에테르라는 매질의 파동이라고 인식하고 있었고 이에 따라 광속은 에테르에 대한 속도를 가리켰다. 지구는 우주 공간에서 태양 둘레를 공전하므로 에테르에 대해 운동하고 있다는 이야기가 된다. 즉 에테르의 바람을 받고 있는 것이다. 그렇다면 빛이 지구의 운동방향과 나란히 이동할 때와 수직으로 이동할 때, 광속은 갈릴레이의 상대성 원리에 의거해서 서로 다를 것이다. 실험물리학자인 마이컬슨과 몰리는 1887년 이 추론을 정밀하게 확인하기 위한 실험을 했다. 그러나 실험결과 광속은 어느 방향에 대해서나 일정한 것으로 나타났다. 이것은 지구가 에테르에 대해 절대 정지해 있기라도 하다는 뜻일까?

앞서 언급한 로렌츠변환으로 이름을 남긴 네덜란드의 물리학자 헨드릭 로렌츠는 1904년까지 발표한 일련의 논문에서 이 문제를 파헤쳤다.

로렌츠의 이론은 수식의 결과만 놓고 보면 아인슈타인이 사고실험으로 이끌어낸 결론과 같다. 그러나 실험결과를 제일원리로써 밝혀낸 것이 아니라 현상론적이고 임기응변식의 불분명한 가설로 정당화하려고 한 것이었다.

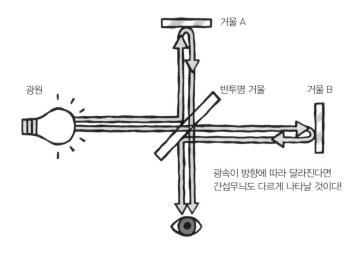

거울 A

광원

반투명 거울

거울 B

광속이 방향에 따라 달라진다면
간섭무늬도 다르게 나타날 것이다!

마이컬슨과 몰리의 실험

한편 아인슈타인의 특수상대성이론은 달랐다. 물리학에 있어 가
장 기본적인 동시성이라는 개념을 실제로 세계를 인식하는 수단에
입각한 방법으로 정의함으로써 현실의 자연을 나타내는 원리와 물
리학 이론 본연의 원리, 즉

    (1) 광속도 불변의 원리

    (2) 특수상대성 원리

로부터 아주 자연스럽게 로렌츠 변환 공식을 이끌어냈다.

    (1)은 관측자가 어떤 속도로 운동하고 있든지 그 관측자에 대한

빛의 속도는 언제나 같다고 하는 현실 자연계의 사실이다.

또 (2)는, 물리법칙은 어느 관성계에서든 똑같다는 것이다.

'관성계'란 물체가 힘을 받지 않으면 등속 직선운동을 계속하는 '관성의 법칙'이 성립하는 좌표계를 가리킨다. 어떤 관성계도 특권적 지위는 없다. 즉 절대적인 좌표계는 없다는 뜻이다.

이 두 개의 원리는 뉴턴역학에서는 양립하지 않는 것이었지만 아인슈타인은 이를 양립시키는 대가로 시간과 공간의 개념을 뒤엎었다. 이것은 절대공간과 보편적 시간이라고 하는 신의 관점으로부터 인간의 관점으로 바뀌었음을 의미한다.

같은 시기에 구축된 양자역학과 마찬가지로 근대 합리주의적 인식으로부터 관측자가 개입하는 세계관으로 전환된, 말 그대로 과학혁명이라고 할 수 있다. 절대적인 물리현상의 무대로서의 공간과 시간이 저편으로 사라지고 관측자에게 상대적인, 실제의 물리적 과정에 의존하는 세계 인식이 자리를 대신하게 된 것이다.

결론

이 장의 사고실험은 동시성의 판단기준이란 무엇인가 하는 물음을 제기한다. 결론을 말하자면 광속을 최대속도로 하는 신호로 정보가 전달되어 사건이 일어났다고 인지한 시점을 기준으로 해서 전후관계를 판별하는 수밖에 없다. 사건 발생의 전후관계는 사건을 관찰하는 사람이나 사건을 일으키고 있는 물체의 운동 상태에 따라서 달라진다.

이것은 기술적인 제약 때문에 순서가 단지 그렇게 보이는 것이 아니다. 관측자마다 지닌 시각의 순서에 달려 있다. 이것을 초월하는, 모든 관측자에 대해 보편적이며 참된 시간이란 없다. 이로부터 운동하는 물체의 수명이 연장된다든지 거리가 수축하는 효과도 유도된다.

가속도와
중력은 같다!

자유 낙하하는 기와장이

'자유 낙하'란 중력의 힘만 받으면서 그대로 떨어지는 운동을 일 컫는다. 이것은 일상생활에서는 별로 귀에 익숙하지 않은 말이지만 일반상대성이론에서는 아주 중요한 개념이다. 아인슈타인이 아직 20대일 때 대학에 일자리를 얻지 못해 스위스 베른에서 특허국 심 사관을 하던 시절이었다. 일반상대성이론을 완성하기 위해 여념이 없던 어느 날, 그는 예전에 기와장이가 발을 헛디뎌 지붕에서 떨어 졌던 일이 떠올랐다. 곧 그는 '자유 낙하하는 좌표계에서 보면 중력이 사라진다'는 것을 확신하고 중력 이론인 일반상대성이론을 이끌어냈다. 자유 낙하가 일반상대성이론의 사고의 바탕이 된 것이다.

우리가 강한 중력이나 무중력을 느껴보고 싶다면 유원지에 가는 것이 가장 빠른 방법일 것이다. 유원지를 소재로 해서 역학의 원리를 알기 쉽게 소개하는 교양 프로그램도 많이 있다. 뉴턴역학을 설명할 때 제트코스터가 자주 언급되곤 하는데 실상 일반상대성이론의 본질이 여기에 숨어 있다. 여기서 잠깐 유원지에 있는 탈 것을 상상해보자. 높은 장소로 천천히 올라갔다가 단숨에 내려오는 '자이로드롭' 같은 기구를 타면 내려오는 순간 몸이 가벼워지는 무중력이 느껴지고 땅위에서 멈출 때는 몸이 무거워지는, 이른바 'G가 걸리는' 체험을 할 수 있다. 제트코스터도 꼭대기 부근에서는 붕 떠 있는 느낌이 들고 하강에서 상승으로 반전하는 부근에서는 강한 G를 느낀다. 이렇듯 유원지는 역학의 보물창고이기에 역학을 해설하는 TV프로그램 등에서 자주 다루어진다.

이제 한발 더 들어가 일반상대성이론을 공부해보자.

자유 낙하하는 엘리베이터

낙하하는 기와장이의 사고실험을 좀 더 알기 쉽게 풀어보겠다.

기와장이를 자유 낙하하는 엘리베이터를 타고 있는 사람으로
바꾸어보자. 자유 낙하하는 엘리베이터 안에 있는 사람은 중력
을 느끼지 않게 되리라는 이야기가 된다. 즉 엘리베이터를 타고
있는 사람에게는 엘리베이터 안이 무중력 상태의 공간으로 보
인다. 그 사람과 그 사람의 손 위에 올려놓은 물체도 모두 동일
한 가속도운동으로 떨어지기 때문에 엘리베이터가 떨어지기 시
작했을 때 상호 위치관계가 변하지 않았다면 엘리베이터 안에
있는 물체 사이의 상대적인 위치 관계는 시간이 지나도 변하지
않는다. 즉 무중력 공간이다.

엘리베이터 안에 있는
사람에게는 물체가 떠 있는
것처럼 보인다.

낙하하는 사람의 입장에서 보면 중력이 사라진다.

그러나 엘리베이터 밖에 있는 사람에게는 엘리베이터 안에 있
는 사람이 엘리베이터와 함께 중력이 작용하고 있는 공간 속을
등가속도로 낙하하고 있는 것처럼 보인다.

결국 가속도운동하는 좌표계의 입장에서 보면 엘리베이터 안
이라는 국소적인 공간에서는 중력이 사라졌다고 볼 수 있지 않
은가?

이번에는 중력이 작용하는 공간에서 자유 낙하하는 엘리베이터
와는 반대의 상황을 고찰해보자. 무중력 공간에서 가속하는 엘리베
이터의 사고실험이다.

무중력 공간에서 가속하는 엘리베이터

사고실험 Thought Experiment

무중력 공간에 놓인 엘리베이터를 위쪽으로 점점 빠르게 줄로
끌어올린다고 가정하자.

만약 이 가속도 운동이 지구 위의 중력 가속도와 같은 $9.8m/s^2$
의 가속도로 이루어지고 있다면 엘리베이터 안에 있는 사람은

올라오는 엘리베이터 바닥에 떠밀려서 땅위에 있을 때와 똑같은 중력을 느낄 것이다. 왜냐하면 엘리베이터 안에 있는 사람에게 관성이 작용해서 직전 운동 상태를 유지하려고 하므로 엘리베이터의 가속도 운동을 따르지 않고 저항하기 때문이다.

엘리베이터가 움직이기 시작하는 순간 엘리베이터 안에 있는 사람이 손에 들고 있던 물체를 놓으면 그 물체는 엘리베이터 밖에서 보면 계속 정지 상태이지만(무중력 공간이므로) 엘리베이터 안에 있는 사람에게는 중력 가속도와 같은 $9.8m/s^2$로 바닥으로 떨어지는 것처럼 보일 것이다. 왜냐하면 엘리베이터 바닥 자체가 $9.8m/s^2$의 속도로 그 물체에 접근해 오기 때문이다.

요컨대 엘리베이터 안에 있는 사람에게는 물체가 바닥을 향해 떨어지는 것으로 보인다. 즉 지구 위와 같은 중력이 있는 것처럼 보인다. 그러나 엘리베이터 밖에 있는 사람에게는 무중력 공간에서 엘리베이터가 위를 향해 가속하고 있는 것처럼 보인다.

엘리베이터에 있는 사람에게는 엘리베이터 안의 모든 물체 운동이 지구의 중력가속도 안에서의 운동과 같다. 따라서 엘리베이터 안에서 밖을 내다보지 않는 한 엘리베이터가 무중력 공간 속을 가속도 운동하고 있는지, 아니면 엘리베이터가 지구 위에 있으면서 그 중력의 영향을 받고 있는지 구별이 안 될 것이다!

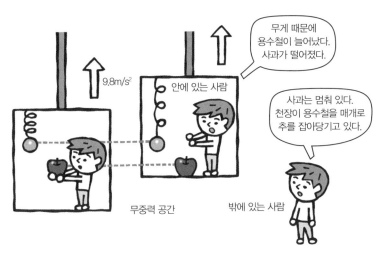

중력인지 가속도 운동인지 구별할 수 없다.

이 사고실험에서 알 수 있는 것은 운동 상태가 변화하는 데에 거스르려고 하는 성질(관성)에 의한 힘과, 물체 사이에 작용하는 중력에 의한 인력은 구별할 수 없다는 점이다. 이것이 이른바 아인슈타인의 '등가원리'이다.

중력에 의해 빛도 휘어진다

가속하는 엘리베이터의 사고실험에 따르면 중력장 주변에서 일어나는 빛의 굴절현상도 이해할 수 있다.

가속하는 엘리베이터의 사고실험에서 엘리베이터 왼쪽에 창문
이 나 있고 그 창문을 통해 빛이 들어온다고 하자. 빛이 왼쪽 창
에서 들어와 오른쪽 벽까지 나아가는 사이에 엘리베이터가 올
라가고 있기 때문에 빛은 들어올 때보다 아래쪽에 닿는다. 물론
엘리베이터 밖에서 보면 빛은 수평으로 직진하고 있지만 엘리
베이터 안에서는 빛이 구부러져 나아간다.

따라서 등가원리에 의해 빛은 중력이 작용하고 있는 공간에서
휘어진다.

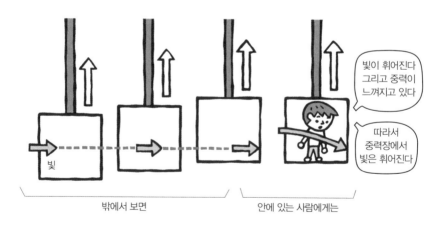

중력 속에 있는 사람의 입장에서 보면 빛은 휘어진다.

일반상대성이론

아인슈타인은, 물체의 관성은 우주 전체의 질량 분포에 대한 상대적인 관계에서 정해진다고 하는 '마흐의 원리'(실험파일 15 참조)에 영향을 받아 '등가원리'와 '일반상대성 원리'를 기본 원리로 삼고서 일반상대성이론(1916)을 구축했다. 등가원리는 이 장에서 살펴본 엘리베이터의 사고실험을 통해서 이끌어낸 기본 원리이다. 또 일반상대성 원리는 광속도 역설(실험파일 16 참조)에서 살펴본 특수상대성이론을 확장하고자 하는 원리이다. 특수상대성이론은 관성계(라는 특수한 계) 사이의 좌표변환만을 다루었지만 일반상대성 원리는 특수상대성이론에 비해서 훨씬 일반적인 운동인 가속도 운동을 하고 있는 좌표계 사이의 좌표변환까지 다룰 수 있게 한 것이다. 서로 가속도 운동을 하는 어떤 좌표계든지 물리법칙이 동일하게 기술되지 않으면 안 된다는 것이다.

이렇게 해서 정립된 일반상대성이론은 뉴턴역학으로는 설명되지 않는, 중력이 매우 강한 경우에도 적용 가능한 확장이론으로서 천체물리학, 우주론 등에서 크게 활약하는 필수적인 기초이론이 되고 있다. 비근한 예로는 인공위성을 써서 자기 위치를 정밀하게 측정하는 GPS에 이용된다. GPS로 위치를 정하려면 인공위성의 시각을 정밀하게 측정해야 하는데 고속비행하고 있기 때문에 특수상대론적 보정뿐 아니라 일반상대론적 보정도 필요해진다. 왜냐하면 인공위성은 지구 중력이 지상보다 약한 고도(高度) 공간을 날고 있어서 지상에서보다 시간이 아주 약간 빨리 가기 때문이다.

한편 중력이 작용하는 공간에서 빛이 휘어지는 현상은 1919년에 발생한 개기일식 때 영국 천문학자인 아서 에딩턴이 실제로 관측함으로써 입증되었다. 태양의 눈부신 빛이 달에 가려지는 일식이었기에 가능했는데 태양의 엄청난 질량에 의한 중력 때문에 태양 뒤편 아득히 멀리 있는 항성의 빛이 아인슈타인의 일반상대성이론이 예측한 각도대로 휘어서 관측된 것이다.

일반상대성이론은 수학적으로는 리만기하학이라고 하는 조금 어려운 이론을 사용하지만 물리학적인 본질은 이 장에서 살펴본 사고실험이 이끌어낸 것이다.

결론

물체가 중력에 의해 낙하할 때 낙하 방식은 질량의 크고 작음과는 관계 없다. 이것은 뉴턴의 중력이론에서는 운동의 관성과 중력이 모두 질량에 비례한다고 하는, 이유를 알 수 없는 우연의 일치에 의한 것이었다. 그러나 아인슈타인은 지붕에서 떨어지는 기와장이의 사고실험에서 힌트를 얻어 중력과 가속도는 구별되지 않는다고 하는 아이디어를 원리로 삼아서 중력 이론인 일반상대성이론을 구축했다. 이는 중력을 시공의 기하학으로 기술하는, 단순하고 아름다운 이론이 되었다. 사고실험을 통해 이론을 구성해가면서 일반상대성이론을 도출해낸 방식은 이론물리학의 모범으로 일컬어진다.

양자역학의 불확정성이 지닌 진정한 의미란?

계속 오해받아온 불확정성 원리

양자역학은 전자나 광양자 같은 미시세계를 설명하는 이론으로 현대 과학기술문명의 기초를 제공한다. 그러나 양자역학에서는 일상세계의 상식과 직관으로는 도저히 해석할 수 없는 기이한 현상이 일어나고 있다. 그것은 우리 고전물리학적 세계관의 변화를 불러일으킨다.

그러한 양자역학 이론체계의 바탕을 이루는 원리는 무엇일까? 어떤 원리를 출발점으로 삼는가에 대해서는 다양한 선택지가 있지만 대부분의 양자역학 교과서는 '하이젠베르크의 불확정성 원리'를 물리적 개념의 기초로 설명한다. 양자역학이라고 하면 불확정성 원리라고 할 정도로 중요한 개념이다.

불확정성 원리란 간단히 말해서 '미시세계에서는 입자의 위치와 운동량을 동시에 정확하게 정할 수 없다'는 것이다. 반면 거시적인 일상세계를 설명하는 고전역학(뉴턴역학)에서는 기술적 제한을 빼면 위치와 운동량은 얼마든지 정밀하게 정할 수 있다.

불확정성 원리를 설명하기 위해 베르너 하이젠베르크(1901~1976)는 '감마선현미경'의 사고실험을 제안했다. 감마(γ)선현미경이란 전자의 위치와 운동량을 동시에 측정하기 위해 감마선으로 전자를 관찰하는 현미경이다. 그는 전자의 위치와 운동량을 어느 하나씩은 정밀하게 측정할 수 있지만 양쪽 모두를 동시에 측정하려면 정밀도의 곱에 한계가 있음을 사고실험에서 보여주고자 했다.

오늘날에는 불확정성 원리에서 말하는 한계에 근접한 초정밀 측정이 현실적으로 가능해졌다. 광통신에서는 그러한 측정 정밀도의 한계가 광통신의 기술적 제한 문제가 되고 있다. 그러나 양자역학이 탄생하던 시대에는 초정밀 측정이란 기대할 수조차 없었기에 실험 따위는 아예 불가능했다. 그렇지만 양자역학의 기본 중의 기본인 만큼 사고실험으로 물리학자들을 이해시키려고 한 것이다.

그런데 불확정성 원리는 서로 비슷한 듯하지만 완전히 별개인

'불확정성 관계식'과 줄곧 애매모호하게 혼동되어 왔다. 감마선현미경은 측정 과정에 따르는 물리적인 교란을 검토하기 위해 고안된 사고실험이다. 한편 양자역학의 틀에서 불규칙한 측정값을 평가해서 이끌어내는 불확정성 관계식은 그것과는 다른 상황을 나타내는 관계식이다. 제시하는 개념이 전혀 다른데도 단순히 설명 방법이 다르다며 하나는 사고실험으로 나타내고 다른 하나는 수학적으로 도출한 것이라고 오해해 온 것이다.

감마선현미경 사고실험은 위치와 운동량이라는 두 개의 양을 한 개의 전자에 대해서 동시에 측정하려는 것이다. 불확정성 관계식은 전자의 위치라는 한 개의 양을 측정하는 실험과 전자의 운동량을 측정하는 역시 한 개의 양을 측정하는 실험을, 같은 양자역학적 상태에 있는 제각기 다른 수많은 전자를 반복 측정해서 통계적으로 평가하는 것이다.

20세기 말엽에 광통신을 비롯한 양자컴퓨터, 양자암호 등의 연구가 발전하면서 이 차이가 뚜렷이 인식되면서부터 감마선현미경 사고실험에서 뜻하는 불확정성과 양자역학에서 상태가 내재적으로 갖는 불확정성의 두 개념이 함께 논의되기 시작했다. 두 개념이 서로 어떻게 다른지 차례대로 설명하기에 앞서 하이젠베르크가 제시한 사고실험(1927)부터 살펴보자.

'하이젠베르크의 감마선현미경' 사고실험

여기에는 전자, 감마선, 그리고 관측 장치인 현미경이 등장한다.

미시세계의 전자의 위치와 운동량을 동시에 측정해보자. 거시적인 입자라면 측정 때문에 입자의 상태가 흐트러질 가능성이 제로에 가까울 정도로 적다. 그러나 미시적인 전자일 때에는 측정하기 위한 상호작용 때문에 전자의 상태가 흐트러지게 된다. 이 측정의 반작용 효과를 알아보는 것이 감마선현미경 사고실험이다. 거시세계라면 빛을 쬐어 '보면' 되지만 대상이 미시적인 물체이므로 파장이 훨씬 짧은, 즉 진동수가 높은 감마선을 비춘다. 파장이 짧으면 더 세밀한 규모까지 측정할 수 있기 때문이다.

먼저 실험의 발상을 대략적으로 설명하면 이렇다. 전자의 위치를 감마선현미경으로 측정한다. 측정 정밀도는 현미경 대물렌즈의 구경과 감마선의 파장으로 결정된다. 구경이 크고 감마선의 파장이 짧을수록 정밀도가 올라간다. 위치의 측정 정밀도를 높이기 위해 감마선의 파장을 짧게 해나가면 감마선 입자로서의 운동량과 에너지도 증대한다(284페이지 '아인슈타인-드 브로

이의 관계식' 참조). 그 결과 입자가 튕겨나가버려서 운동량을 측

정할 수 없게 된다!

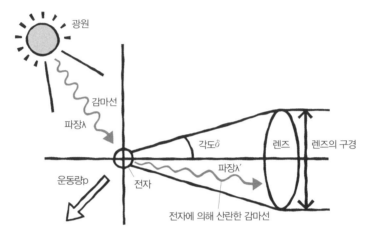

감마선은, 전자를 움직이기 위해 에너지를 쓰고 그 결과 에너지가 줄어들어
파장 λ′(>λ)가 된다(에너지를 잃으면 파장이 길어진다).

'하이젠베르크의 감마선현미경' 구조

광원으로부터 나온 감마선을 원점에 정지해 있는 입자에 쬔다.
전자 위치의 불확실한 정도는 얼마나 될까? 광학이론에 따르면 렌
즈 구경에 따라 해상능력이 달라진다. 렌즈 구경이 클수록 더 세밀
한 규모까지 측정할 수 있다. 전자의 위치에서 렌즈를 바라보는 각
도가 δ라고 하면, 위치 측정의 오차 Δx는

$$\Delta x \cong \frac{\lambda}{\sin\delta} \quad \cdots\cdots ①$$

가 된다. λ(람다)는 감마선의 파장이다.

양자역학에서는 빛(감마선)도 물질에 의해 산란할 때 입자처럼 행동한다는 점을 이용해서 계산한다. 이것은 감마선이 산란할 때 흩어져 나오는 감마선 파장이 길어지는 '컴프턴산란'이라는 현상을 말한다. 결국 전자와 감마선이 모두 입자로서 에너지 보존법칙과 운동량 보존법칙에 충족되도록 산란하는 것과 같다.

그러면 전자 운동량 측정의 오차 Δp는

$$\Delta p \cong \frac{h}{\lambda} \sin\delta \quad \cdots\cdots ②$$

가 된다. h(에타)는 미시세계의 크기를 정하고 있는 '플랑크상수'라는 물리상수로, 이것이 쓰이게 된 것은 컴프턴산란을 계산할 때 파장과 에너지를 결부시키는 아인슈타인-드 브로이의 관계식(284페이지 참조)에서 유래한다. ①×②에 의해,

$$\Delta x \times \Delta p \cong h \quad \cdots\cdots ③$$

가 된다. 즉 Δx와 Δp의 곱은 플랑크상수 정도라는 것을 의미한다. 위치를 정밀하게 측정하려고, 즉 Δx를 작게 하려고 하면 그 반대급부로 Δp가 커져서 운동량을 알 수 없게 된다. 반대의 경우도 마찬가지다. 극단적인 경우 한쪽의 값을 제로로 하려고 하면 다른 한쪽은 무한대가 된다. 둘 다 제로가 되는 경우는 없다.

여기서 각각의 현미경을 특징짓는 변수 δ(델타)는 마지막 식 ③에서 사라진다는 사실에 주의하자. 이 관계는 현미경의 차이에 관계

없이 일반적으로 성립한다.

하이젠베르크의 사고실험은 양자역학의 언어로 말하자면 '비가환량 동시측정문제'이다. 비가환량(非可換量)이란 위치와 운동량처럼 양자역학에서 동시에 정할 수 없는 물리량을 가리킨다.

하이젠베르크의 감마선현미경 사고실험은 잘 다듬어져 있으며 실험의 목적을 충분히 달성했다고 볼 수 있다. 그런데 이 사고실험의 결과인 ③식을, 완전히 다른 개념에 관한 사고실험인 양 자칫 오해하거나 혼동하기 쉽다. 이제 그것을 설명하기로 한다.

위치와 운동량을 동시에 관측하지는 않는다

양자역학 교과서에는 하이젠베르크의 사고실험에서 도출된 식과 유사한 식

$$\Delta x \times \Delta p \geq \frac{h}{4\pi} \quad \cdots\cdots④$$

가 나온다. 이 부등식은 하이젠베르크의 '불확정성 관계'이다.

여기서 Δx와 Δp는 사고실험에서처럼 두 개의 양을 동시 측정할 때의 불확실함·정밀도를 의미하지 않는다. 제각기 어느 한 개의 양만을 여러 차례 측정한 결과, 예컨대 위치라고 하면 위치를 여러 번 반복 측정한 결과 얼마나 불규칙한 분포가 나오는가를 가리킨다.

즉 불확정성 관계는 반복 측정을 통한 통계학적인 설정이다.

동일한 상태에 준비된 다수의 전자 집단이 있다고 하자. 이 집단의 일부 전자들을 각각 위치만(운동량은 측정하지 않는다) 정밀하게 측정한다. 한편 집단의 나머지 전자들에 대해서는 운동량만(위치는 측정하지 않는다) 여러 번 정밀하게 측정한다. 여기서 '여러 번'이라 함은 한 개의 전자를 한번만 측정하되 여러 개의 전자를 측정한다는 뜻이다.

양자역학은 확률적인 예측을 하는 이론이기 때문에 측정결과는 불규칙적이다. 위치만을 측정했을 때 측정값의 오차를 Δx라고 한다. 또 운동량을 측정했을 때 측정값의 오차를 Δp라고 한다. 이 두 개의 실험에서 각각 얻어낸 결과 사이의 관계식이 '불확정성 관계'인 것이다.

부등식 ④를 보면 위치 x 혹은 운동량 p의 어느 한쪽만이라면 오차가 무한히 적은 양자역학적 상태를 만들 수 있다. 한편 ⊥ 상태에서 다른 한쪽 값은 완전한 부정(不定)이 되고 만다(Δx를 작게 할수록 Δp는 커진다). 또 $h \rightarrow 0$이라면 양쪽 모두 결정할 수 있음을 알 수 있다. 이 극한을 '고전극한(古典極限)'이라고 하는데 이것은 고전역학에서는 위치와 운동량을 둘 다 동시 측정할 수 있음에 대응한다.

실은 이 불확정성 관계는 양자역학에만 있는 특수한 관계가 아니다. 이 관계식은 파동현상에 일반적으로 성립하는 식이다. 고전역학적인 파동에도 성립하는 불확정성 관계식이다. 양자역학에서는 입자도 파동성을 지니므로 '아인슈타인-드 브로이의 관계식'을 써서 입자를 특징짓는 양으로 바꿔 적용하면 하이젠베르크의 불확정성 관계식이 된다.

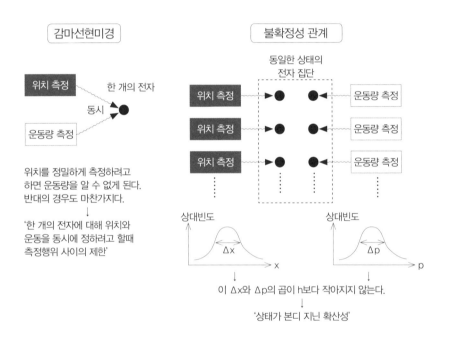

두 개의 '불확정성'의 차이

요컨대 감마선현미경 사고실험이 측정 행위에 기인하는 불확정성을 나타내는 것과 다르게 불확정성 관계는 측정이 아니라 상태 본래의 불확정성을 가리키는 개념이다. 그러나 대부분의 문헌이 측정의 반작용이 미치는 영향과, 양자역학의 원래 상태가 지닌 불확정성을 혼동하거나 그 차이를 애매모호하게 기술해왔다. 하이젠베르크 자신도 1929년 강연에서는 감마선현미경 사고실험을 정밀화한 것이 불확정성 관계의 부등식이라고 설명했다고 한다. 물론 측정의 반작용이나 교란, 혹은 상태가 원래 지닌 불확실함이 전혀 관계없는 것은 아니지만 서로 다른 개념이라는 점은 분명히 짚고 넘어가야 한다.

기술자의 실천적 응용이 기초적·철학적 논의를 열다

주지하다시피 하이젠베르크의 감마선현미경 사고실험은 불확정성 관계와 거의 같은 식을 이끌어내지만 그 식의 의미는 전혀 다르다. 1965년에 아서와 켈리라는 물리학사 두 개념의 차이를 지적한 적이 있지만 그들의 논문은 별로 관심을 끌지 못하였고 양자역학 철학을 연구하는 사람들만이 알고 있는 정도였다.

그런데 1980년대 후반 무렵부터 '비가환량(非可換量) 동시측정문제'라는 연구 주제가 떠오르면서 상황이 바뀌기 시작했다. 이것은 하이젠베르크의 사고실험을 양자역학의 수학이론에서 연구하는 것이다.

감마선현미경 사고실험 같은 상황에서는 측정의 불확정함과 양자역학적 상태가 원래 지닌 불확정함이 모두 존재하며 위치의 불확정함과 운동량의 불확정함의 곱은 기존의 불확정성 관계식보다 두 배의 하한을 갖는다는 것이 밝혀졌다.

이들 연구를 주도한 것은 물리학자가 아니라 광통신기술자들이었다. 초정밀 측정기술의 발달로 하이젠베르크의 감마선현미경 같은 상황이 실현 가능하게 되면서 그런 상황에서의 통신이나 위치 측정이 꼭 필요해졌기 때문이다. 하이젠베르크의 불확정성 관계를 깨고 더욱더 정밀하게 측정하기 위한 연구가 후속적으로 이루어졌다.

이처럼 양자역학을 개발하여 물질의 이론에 응용하기를 연구해 온 물리학자와 후발주자로서 훨씬 현실적인 적용에 관심이 있는 기술자 간의 양자역학의 기초개념 이해를 둘러싼 갈등은 과학기술자 사회를 연구하는 과학사회학의 좋은 주제이다. 응용의 귀착점인 현실문제야말로 기초적, 철학적 문제에 직결하는 것이다. 원래 양자역학의 기원인 양자론은 독일의 철강 산업을 위한 연구의 부산물(1900년 '흑체방사의 플랑크 법칙')로 탄생한 것이었다.

오늘날 하이젠베르크의 불확정성 관계는 '오자와 부등식'(2003)으로 일반화되어 있다. 여기에는 하이젠베르크의 감마선현미경에 나타나는 측정 정밀도와 오차 개념, 그리고 본래의 양자역학적 상태가 갖는 통계적으로 불규칙한 분포 개념이 모두 들어 있다.

감마선현미경의 위치와 운동량의 측정오차개념을 ε_x, ε_p라고 쓰고 이와 구별해서 양자역학적 상태가 일으키는 불확실함을 δ_x, δ_p라고 하자(ε: 엡실론). 그러면 오자와 부등식은 아래와 같이 나타낼 수 있다. 제1항($\varepsilon_x \times \varepsilon_p$)이 바로 감마선현미경 사고실험에서 다루어진 개념에 해당된다.

$$\varepsilon_x \times \varepsilon_p + \delta_x \times \varepsilon_p + \delta_p \times \varepsilon_x \rangle \frac{h}{4\pi}$$

─────────── 결론 ───────────

불확정성 관계는 양자역학의 기본이 되는 개념이다. 미시세계를 기술하는 양자역학에서는 동시에 정밀하게 정할 수 없는 물리량이 있으며 그 물리량을 측정하는 '정밀도' 간의 관계식이 불확정성 관계이다. 이 관계식은 양자역학의 수학체계를 구축할 수 있는 중요한 개념이다.

하지만 이렇게 중요한 개념인데도 동일한 입자에 대한 '동시' 측정의 정밀도에 관한 것인지 아니면 '동시에 정할 수 없는' 양을 별도의 입자에 대해 측정했을 때의 불규칙한 분포에 대한 관계식인지, 물리학자와 양자역학 교과서 사이에서 오해와 혼란이 있었다.

그것은 관계식에 대한 해석이 달라도 실용적인 측면에서는 곤란한 적이 별로 없었기 때문이다. 그러나 이제는 그 차이가 문제시될 만큼 첨단기술이 진보하고 있다.

아인슈타인-드 브로이의 관계식

미시세계의 입자는 파동의 성질도 갖고 있다. '입자성'은 띄엄띄엄한 값을 갖거나 한 개, 두 개 하는 식으로 셀 수 있음을 뜻하며 '파동성'은 간섭하거나 두 개의 상태를 겹칠 수도 있다는 것을 의미한다.

입자의 상태를 특징짓는 물리량은 '운동량'과 '에너지'이다. 한편 파동의 상태를 특징짓는 물리량에는 '파장'과 '진동수'가 있다.

아인슈타인은 '광전효과 이론'(1905)에서, 고전역학에서는 파동이라고 간주되어온 빛에 띄엄띄엄한 입자성이 있다는 '광양자가설'을 제시하고 입자성을 나타내는 에너지 E와 파동성을 나타내는 진동수 v(뉴)를 관련지었다. 루이 드 브로이(1892~1987)는 '물질파 이론'(1924)에서, 고전역학에서는 입자라고 여겨져 왔던 전자에 대해서 입자성을 나타내는 운동량 p와 파동성을 나타내는 파장 λ를 관련지었다. 아인슈타인 - 드 브로이의 관계식은 다음과 같다.

$$E = hv$$
$$p = \frac{h}{\lambda}$$

좌변의 E와 p는 전자 혹은 빛을 입자로 보았을 때의 에너지 E, 운동량 p이고 입자성을 특징짓는 물리량이다. 한편 우변은 전자나 빛을 파동이라고 보았을 때의 파동수 v, 파장 λ로 파동성을 특징짓는 물리량이다. 두 식 모두 다음과 같은 형태를 띠고 있다.

〈입자성을 특징짓는 물리량〉 = 〈파동성을 특징짓는 물리량〉

드 브로이의 물질파

전자는 파동으로 부합하는
상태에서만 정상적으로
존재할 수 있다.

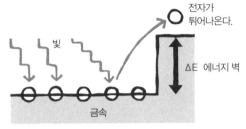

아인슈타인의 광양자가설

전자가
튀어나온다.

빛

ΔE 에너지 벽

금속

빛은 입자로 에너지를 교환한다.
따라서 빛을 강하게(입자를 많게) 해도
입자 에너지가 작으면(파장이 길면) 전자는
튀어나가지 않는다.

살아 있는 것도 죽어 있는 것도
아니라는 것은 어떤 의미인가?

미시와 거시는 달라도 좋은가

양자역학은 미시인 대상을 거시적인 관측장치로 측정하는 것을 전제로 하는 이론이다. 그러면 본디 미시와 거시란 무엇이 다를까? 이론적으로 말하자면 미시나 거시나 모두 거시에서 출발한다. 미시가 모여서 거시가 되는 셈이니 출처는 같다. 하지만 일상생활에서 미시를 직접 보게 되는 경우는 거의 없다.

이 미시세계는 수수께끼로 가득 차 있고 일상에서는 일어날 리없는 일들이 펼쳐지고 있다. 이런 신비한 미시세계의 논리와 일상

286

의 논리 사이의 부정합, 즉 미시와 거시의 관계에 타협점을 찾아보자는 것이 양자역학을 건설한 공로자 중 몇몇 사람의 생각이었다.

양자역학의 사상적 지도자인 닐스 보어(1885~1962)가 1927년 '상보성 원리'(309페이지 참조)를 내놓으며 미시세계에 대해 모든 것을 알기란 원리적으로 불가능하다고 주장했다. 그리고 1930년 무렵부터 그 세계관 아래서 여하튼 양자역학이 미시세계의 계산규칙으로서 대성공을 거두고 있으니 난제에만 매달려 괴로워할 게 아니라 강력한 이론적 도구로서 활용하여 원자와 분자, 결정 등 여러 가지 현실 문제를 풀어나가자는 흐름이 이어졌다. 이것을 양자역학의 '정통해석' 혹은 '코펜하겐 해석'이라고 한다(양자역학을 건설한 세계 각지의 천재 과학자들이 보어를 찾아 그의 연구소가 있는 코펜하겐으로 모여들어 '코펜하겐학파'를 이룬 데서 붙여진 이름이다). 그러나 이에 납득할 수 없었던 에르빈 슈뢰딩거(1887~1961)는 1935년에 '슈뢰딩거의 고양이'라는 사고실험을 제시하여 제동을 걸고자 했다. 이 행동은 역시 양자역학에 불만을 품고 있던 아인슈타인의 'EPR 역설'(실험파일 20 참조)과도 호응하는 것이었다.

슈뢰딩거의 고양이를 이해하기 위해서는 '중첩상태'라는 개념을 알아두는 것이 좋으므로 301페이지의 COLUMN을 참조하기 바란다.

'슈뢰딩거의 고양이' 사고실험

슈뢰딩거는 양자역학 창시자의 한 사람이자 '파동역학'이라는 이름이 붙은 양자역학이론을 제시한 것으로 알려져 있다. 그는 양자역학에서 '파속(波束)의 수축'이라는 개념의 곤란을 보여주기 위해 기괴하다고 일컫는 슈뢰딩거의 고양이 사고실험을 내놓았다(1935). 참고로 그는 생물물리학의 개척자이기도 하며 심리철학과 인도철학에도 깊은 관심을 갖고 있었다.

사고실험 Thought Experiment

고양이 한 마리가 상자 안에 갇혀 있다. 그리고 그 상자 안에는 a(알파)입자를 방출하는 미량의 방사성 물질과 이것을 계측하는 가이거 계수기가 들어 있다. 이 계수기가 반응하면 연결된 망치가 청산가스가 들어 있는 병을 깨뜨려서 청산가스가 흘러나오게 되고 고양이는 그 가스를 마셔서 죽게 된다. 즉 고양이의 생사 여부로 a입자가 방출되었는지 아닌지를 판단하는 측정기나 다름없다.

a입자의 방출은 미시세계의 양자역학적인 현상이어서 방출이 일어나는지 일어나지 않는지는 확률적으로만 알 수 있다. 한 시간 사이에 a입자가 나오거나 나오지 않을 확률은 반반으로 설

정되어 있다고 한다.

이제 한 시간이 경과했으니 상자를 확인한다. 고양이의 생사를 확인하려면 안을 직접 볼 수밖에 없다. 상자를 열어야 비로소 실험결과를 알 수 있기 때문이다. 당신이 상자를 열면 눈앞에는 살아 있는 고양이든 죽어 있는 고양이든 어느 한 쪽의 실험결과가 기다리고 있다.

'슈뢰딩거의 고양이'는 살아 있는 것도 죽어 있는 것도 아니다.

이 사고실험의 목적은 어디에 있을까? 상자의 내용물만 확인하면 사고실험은 그것으로 끝일까? 아니, 중요한 이야기는 이제부터

이다. 통상적으로 상자 안에서 일어난 일은 내용물을 확인하든 확인하지 않든 결코 변하지 않을 것이다. 그런데 양자역학에서는 다르다. 상자를 열 때까지는 살아 있는지 죽어 있는지 정해지지 않았다. '관측되고 있지 않을 뿐이고 안에서 죽어 있는지 살아 있는지 어느 한 쪽이다'가 아니라 '어느 쪽도 아니다'이다. 이것이 바로 양자역학의 핵심이며 양자역학의 용어로 '중첩상태'라고 한다.

고양이가 '살아 있는지 죽어 있는지 정해져 있지 않다'는 것은 어떤 상태일까? 보통은 살아 있거나 죽어 있거나 어느 한 쪽이기 마련이다. 이 결과를 받아들일 수 있을까?

슈뢰딩거는 미시세계에서는 실증된 '중첩상태'로부터 확정된 상태로의 변화 개념(이것을 '파속의 수축'이라고 한다. 292페이지 참조)을, 거시적인 대상에까지 확대하면 어떻게 되는지 고찰했다. 그것도 생명이 있는 존재로 확대하고 나서 살아 있는 상태와 죽어 있는 상태의 중첩은 받아들일 수 없으리라고 압박했다. 그러면 슈뢰딩거가 이 사고실험에서 무엇을 주장하고자 했는지 좀 더 자세히 살펴보자.

이중구조인 채로 좋은가 – 양자역학의 관측이론

고전물리학에서는 수학이론 자체가 현실 세계와 대응되고 있어서 이론 속에 나타나는 변수 값이 현실 세계의 측정값이 되어 있다.

한편 양자역학은 이중구조 이론이다. 물리적인 계(系)의 미래를 계산하고자 할 때에는 상태의 시간적 변화를 기술하는 슈뢰딩거 방정식을 이용한다(301페이지 참조). 이 방정식은 결정론적인 방정식이다. 파동함수라고 부르는 계의 상태를 나타내는 함수의 시간변화를 계산하는 방정식으로, 어떤 시각의 파동함수가 주어지면 미래의 파동함수는 완전히 정해져서 방정식으로 계산할 수 있다. 확률적인 요소는 전혀 없다. 그러나 그 방정식의 답인 파동함수는 현실 세계와 직접적으로는 결부되어 있지 않다. 방정식의 답은 관측장치를 사용해서 현실 세계에서 측정되는 값의 확률분포인 것이다.

관측하지 않는 동안에는 슈뢰딩거방정식에 의해서 결정론적으로 변화한다. 그러나 물리적인 양을 관측하려고 하면 그 값은 확률적으로만 알 수 있다. 이런 이중구조는 곤란하다. 양자역학 체계 안에서 '관측'이라는 과정만이 비결정론적인 특별한 지위를 갖게 된다. 그러나 그렇게 하지 않으면 양자역학은 현실 문제를 설명할 수 없기 때문에 어쩔 수 없다.

하지만 어떻게든 이중구조를 일으키는 관측과정을 슈뢰딩거방정식으로 통일적으로 해소해서 일원론적 시간 변화로 할 수는 없을까? 이 과정에 도전한 것이 양자역학의 '관측이론'이다.

폰 노이만(93페이지 참조)은 20세기 최대의 만능수리과학자로 불리며 수학기초론, 양자역학, 수리경제학(게임이론), 자기증식 기계, 디지털 컴퓨터, 맨해튼계획(제2차 세계대전에 있었던 원자폭탄 개발 프로젝트)에 크게 기여한 인물이다. 1931년에 그가 펴낸《양자역학의 수학적 기초》는 문자 그대로 양자역학의 수학적 기초를 탄탄히 구축했을 뿐 아니라 양자역학의 관측이론에 관한 논의도 실려 있다.

영원히 단절된 채?–관측자의 무한후퇴

양자역학에서는 관측을 통해 얻어지는 측정값의 확률적 분포를, 슈뢰딩거방정식을 풀어서 얻어진 파동함수로부터 계산할 수 있다. 이 계산규칙을 '보른의 확률해석'이라고 하는데 어느 값이 되는지는 확률적으로만 알 수 있다(301페이지 참조). 어떤 값이 얻어지면, 파동함수는 슈뢰딩거방정식을 풀어서 얻어진 형태로부터 갑자기 그 측정된 값에 집중된 형태로 변한다. 이것을 '파속(波束)의 수축'이라고 한다.

그런데 양자역학 그대로는 이론을 아무리 만지작거려도 슈뢰딩거방정식을 사용한 시간변화로부터 파속의 수축을 이끌어낼 수 없다.

폰 노이만은 반대로 보른의 확률해석과 파속의 수축을 양자역학

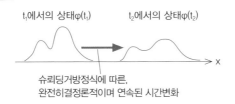

t_1에서의 상태$\varphi(t_1)$ t_2에서의 상태$\varphi(t_2)$

슈뢰딩거방정식에 따른,
완전히결정론적이며 연속된 시간변화

측정하면

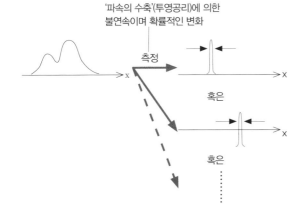

'파속의 수축'(투영공리)에 의한
불연속이며 확률적인 변화

측정

혹은

혹은

어느 것이 되는가는
'보른의 확률해석'대로 된다.
파동함수가 집중해 있는 장소에
수축할 가능성이 높다.

'슈뢰딩거방정식'과 '관측'의 관계

의 공리(공리는 이론의 출발점의 기본적 가정이며 그 이유를 천착하지 않는다)

로 삼고 '투영공리(投影公理)'라고 불렀다.

그러면 그 '투영'이라는 사태, 즉 파속의 수축은 언제 일어날까?

파동함수의 시간변화가 슈뢰딩거방정식과 투영공리의 두 가지로 이원론화되어버린 이상 이론상 어떻게 구분해서 사용한다는 규정이 있어야 한다.

고려할 만한 것이라고는 관측장치와의 상호작용밖에 없다. 즉 관측하지 않으면 슈뢰딩거방정식, 관측하면 투영공리에 따른다. 관측이라는 행위는 반드시 거시적인 관측장치로 하기 때문에 거기서는 관측장치의 거시성이 본질적 역할을 이룬다.

폰 노이만은 미시의 대상과 관측장치를 모두 양자역학으로 기술하려고 했다. 거시적인 관측장치라도 그것은 미시의 입자로 만들어져 있기 때문에 원리적으로는 양자역학에 따라야 한다.

그런데 관측장치까지 포함해서 고려한 파동함수를 도입해도 중첩으로부터 파속의 수축은 도출할 수 없었다. 그러면 미시의 대상과 관측장치를 포함한 전체를 관측하는 제2의 관측장치를 도입해보자('슈뢰딩거의 고양이'에서 말하자면 미시의 대상이 a입자이고 제1관측장치가 가이거 계수기, 제2관측장치가 고양이라고 생각하면 된다). 그러나 그렇게 해도 상황은 달라지지 않는다. 이후 마찬가지로 제3의 관측장치, 제4의 관측장치를 도입해나가도 역시 안 된다. 이것을 '관측자의 무한후퇴'라고 한다.

폰 노이만은 미시적인 대상과 관측자의 경계('절단'이라는 용어를 사용한다)를 어느 단계에 넣든지 사태는 변하지 않는다는 것을 보여주었다. 이 절단을 경계로 미시 측이 양자역학의 세계이고 절단의 반대편이 거시 측인 일상의 세계이다. 관측자의 후퇴란, 절단을 거시 측으로 이동해가는 것으로서 미시세계가 관측자 측으로 확대되어 나가기는 하지만 거시세계와의 절단은 계속 존재한다.

그래서 폰 노이만은 의식의 인식이 파속을 수축시킬 수 있음을 시사했다(사실은 부다페스트 고교시절부터 친구였던 수리물리학자 유진 위그너(1902~1995)의 생각인 듯하다). 관측 행위의 물리적인 흐름에서 뇌가 최종 도달지점이기 때문이다.

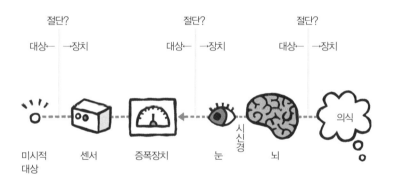

절단을 어디에 넣으면 좋을까

어디까지가 측정대상이고 어디부터가 관측장치인가?

'위그너의 친구' 사고실험

폰 노이만의 주장처럼 의식이 파속(波束)을 수축시킨다면 그 의
식을 담당하는 뇌 상태의 파속을 수축시키는 것은 무엇일까? 이 문
제에 관해 위그너가 제시한 위그너의 친구라는 사고실험이 있다.

위그너의 친구는 슈뢰딩거의 고양이 사고실험에서 고양이가 수
행하고 있는 역할을 위그너의 친구라고 하는, 의식을 지닌 인간
으로 바꾼 것이다. 청산가스를 사용하면 친구가 죽기 때문에 여
기서는 가스를 사용하지 않고 친구 자신이 가이거 계수기의 작
동을 감시해서 계수기가 작동하면 그것을 기억한다. 그리고 1
시간 후에 위그너가 상자의 창문을 열어서 안에 있는 친구를 확
인하기로 한다.

이 사고실험에서는 어느 단계에서 방사성 원소 붕괴에 의한 a
입자 방출을 관측한 것이 될까? 상자 안에 있는 친구가 가이거
계수기가 울리는 것을 들었을 때일까? 아니면 1시간 후에 위그
너가 상자의 창문을 열고서 친구로부터 가이거 계수기가 울렸
는지 여부를 들었을 때일까?

296

위그너에게 있어 상자의 창문을 열 때까지는 친구를 포함한 상자 안 전체가 중첩상태이다. 그러나 상자 안에 있던 친구는 1시간 뒤 창문이 열리고 위그너가 들여다볼 때까지 자신이 '중첩상태'였다고는 생각조차 못했을 것이다. 자신이 a입자를 관측한 상태도 아니고 관측하지 않은 상태도 아닌 중첩이었다니 터무니없는 일이다. 친구가 만약 a입자 붕괴를 관측했다면 그 시점에서 관측이 끝났고 파속은 수축했을 것이다.

위그너는 의식이 인식함으로써 파속이 수축한다고 주장했다. 그 주장에 따르면 위그너가 상자의 창문을 열 때까지 상자 안의 친구는 중첩상태에 있다. 즉 관측하여 인식·기억하고 대화도 하는 친구가, 상자 밖의 위그너에게는 의식이 없는 존재라는 이야기가 된다. 친구는 겉으로 보면 인간과 똑같이 행동하고 응답하지만 내면적인 감각과 퀄리아(실험파일 5 참조)를 갖지 않은 좀비와 구별되지 않게 되는 셈이다.

이처럼 자신만이 존재한다는 유아론(唯我論)에 빠져버리는 위그너의 친구 사고실험은 오히려 폰 노이만과 위그너의 관측이론이 파탄에 이르렀음을 보여준다.

슈뢰딩거는 더 이상 생각하지 말자는 것으로 볼 수도 있는 보어의 코펜하겐 해석과 폰 노이만과 위그너로 시작되는 관측이론에 불만을 품었다. 그래서 그는 슈뢰딩거의 고양이 사고실험을 통해서 양자역학에는 무언가 불완전한 부분이 있으며 이를 파헤치는 일을 포기하면 안 된다고 주장하려고 한 것이다.

고양이는 위대했다!

파속의 수축 문제를 규명하려는 시도는 이후에도 계속되었다. 관측장치에서 일어나는 불가역 과정이 파동적 간섭성을 붕괴시켜 '증거' 남기기를 중시한 '에르고드 증폭파(派)', 파속의 수축이 없는 양자역학인 에버렛의 '다세계 해석', 양자역학을 미지의 수준에서 통계역학으로 해소하고자 하는 '숨은 변수 이론' 등이 다방면에 걸쳐서 시도되었다. 이것은 현재에도 여전히 진행 중인 미해결 문제인데 아쉽지만 여기서 이들 문제에 대해서는 더 이상 언급하지 않기로 한다.

슈뢰딩거는, 그 역시 창시자의 한 사람이기도 한 양자역학이 수많은 주류 물리학자들의 손에 의해 차츰 실용적인 방향으로 도구화되어가는 경향에 제동을 걸기 위해 슈뢰딩거의 고양이라는 이야기를 만들었는지도 모른다. 그리고 분명 '슈뢰딩거의 고양이'는, 생명체 같은 복잡계에서는 거시적으로 다른 상태의 중첩이 이론의 바탕에서부터 원천적으로 금지되어야 한다는 점을 상징적으로 보여주었다고 할 수 있다.

그러나 현대의 첨단기술은 생명체는 아니지만 고양이 같은 거시적인 물체의 중첩상태를 실현하고 있다. 이른바 '거시적 양자효과' 혹은 '거시적 간섭효과'라고 한다. 예를 들어 SQUID(초전도 양자간섭소자)라는 디바이스를 이용해서 측정할 때 거시적으로 다른 상태의 중첩인 '슈뢰딩거의 고양이 상태'가 관측된다.

그렇다고 해서 슈뢰딩거의 고양이 사고실험의 의의가 퇴색하는 것은 아니다. 슈뢰딩거의 고양이는 양자역학의 신비와 양자역학의 기초개념을 연구하는 데 아이콘을 부여하여 대중화했다는 의의를 지니기 때문이다. 실제로 일반 독자를 대상으로 한 양자역학 관련 서적과 웹사이트 등에 '고양이'라는 단어를 넣은 사례가 아주 많이 등장한다. 슈뢰딩거 자신의 의도와는 다를지 모르나 '슈뢰딩거의 고양이'가 이루어낸 역할은 오히려 일반인으로 하여금 양자역학적 세계관에 대한 흥미를 갖게 해주었다는 점이 크지 않을까.

양자역학이 고전역학과 근본적으로 다른 점은 중첩상태라는 개념이다. 중첩상태에 있는 계를 측정하면 어떤 상태의 값이 관측되는데 그것이 어느 쪽 상태의 값인지는 확률적으로만 알 수 있다. 그 확률은 중첩의 가중치에 의해 정해진다는 것이 양자역학의 확률해석이었다.

중첩상태란 원래 상태의 어느 쪽인가가 확률적으로 섞여 있는 것은 아니다. 측정할 때까지는 그 어느 쪽도 아니다. 측정하면 비로소 어떤 값이 되는 것이다.

이 사고방식은 좀 기묘하긴 하지만 현실적인 미시세계의 물리를 잘 설명할 수 있었다. 그러나 원리적으로 말하자면 마땅히 미시적인 계로 구성된 거시적인 계에 있어 '측정할 때까지는 어느 쪽의 상태도 아니다'라는 주장에 제동을 걸고 양자역학은 불완전한 게 아니냐고 주장한 것이 '슈뢰딩거의 고양이'와 '위그너의 친구' 사고실험이었다.

파동함수

양자역학에서는 한 개의 전자(電子)라 하더라도 그 상태를 '파동(波動) 함수'라는 공간에 전개된 함수로 표시된다. 전자의 파동함수가 충족해야 할 방정식은 '슈뢰딩거방정식'이라고 하며 다음과 같다(자세한 설명은 생략한다).

$$ih \frac{d\varphi}{dt} = - \frac{\hbar^2}{2m} \frac{d^2\varphi}{dx^2} + V\varphi$$

파동함수란 무엇을 의미할까? 양자역학 초기에는 물질이 공간에 퍼져 있다든지 물질입자가 어떻게 운동하는지를 유도하는 향도파(嚮尊波: 파일럿 파동)라는 식으로 해석하기도 했다. 그러나 여러 가지 모순이 지적되었고 결국 '보른의 확률해석'으로 자리 잡았다. '어느 장소에서의 값 (상소 함수인 파동함수)의 절대값의 2제곱이 그 장소에서 전자가 발견될 확률을 나타낸다'는 내용이 보른의 확률해석이다.

실제로 슈뢰딩거방정식을 풀어서 전자의 위치를 나타내는 파동함수를 얻어냈다고 하자. 그 파동함수의 절대값을 2제곱하면 전자가 그 장소에 있을 확률을 나타내는 함수가 된다. 그리고 그것은 실험과 완전히 합치한다.

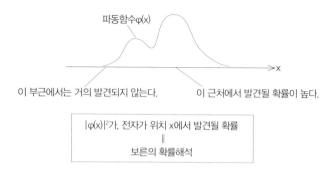

파동함수φ(x)

이 부근에서는 거의 발견되지 않는다.　　이 근처에서 발견될 확률이 높다.

|φ(x)|²가, 전자가 위치 x에서 발견될 확률
||
보른의 확률해석

파동함수와 보른의 확률해석

그런데 양자역학의 본질적 요소인 '중첩 원리'가 있다. 중첩이란 일반적으로 파동현상이 지닌 성질이다. 파동의 상태를 나타내는 파동함수가 2개 있어 이를 φ_1, φ_2라고 하자. 그것을 덧셈한 함수, 즉 '$\varphi_1 + \varphi_2$'는 φ_1과도 φ_2와도 다른 상태를 나타낸다. 이 '$\varphi_1 + \varphi_2$'라는 파동함수로 나타나는 상태를 '중첩상태'라고 한다(φ: 파이).

양자역학에서도 어떤 물리량의 값이 하나로 정해진 상태가 있다. 그것을 '고유상태'라고 한다. 상태 φ_1과 φ_2가 물리량 A의 고유상태였다고 하자. 그리고 가능한 상태는 이 2개뿐이라고 한다. 상태 φ_1에서 A값을 측정하면 x_1, 상태 φ_2에서 A값을 측정하면 x_2가 된다고 하자. 이 값을 '고유값'이라고 한다.

이제 2개의 상태 φ_1과 φ_2의 '$\varphi_1 + \varphi_2$'라는 중첩상태를 생각해보자. 중첩상태 '$\varphi_1 + \varphi_2$'에서 물리량 A를 측정하면 어느 한 쪽의 고유값이 관측된다. 즉 A값으로서는 x_1 혹은 x_2 중 어느 하나가 관측되고 그 중간치는 관측되지 않는다. 양자역학이 말할 수 있는 것은 2개의 고유상태 중 어느 한 쪽이, 즉 x_1이나 x_2가 관측될 확률뿐이다. 그 확률값은 고유상태를 나타내는 함수를 합산할 때의 가중치로 정해진다. 지금 여기서 설명한 예에서는 가중치를 생략하고 썼지만 그 가중치의 절대값의 2제곱이 확률값이 된다. 예를 들어 그 가중치가 $\frac{1}{\sqrt{2}}$ 씩이라고 하면 확률은 $\frac{1}{2}$ 씩이 된다. 이것이 '보른의 확률해석'이다.

양자역학에서는 이 가중치가 '복소수'라는, 일상 세계에는 존재하지 않는 수로 표시되는데 이것이 양자역학의 수학적인 본질이다. 아쉽지만 이에 대한 설명은 생략하기로 한다.

그러면 관측하기 전의 중첩상태 '$\varphi_1 + \varphi_2$'란 고유상태 φ_1과 φ_2의 확률적인 혼합일까? 예컨대 집단의 $\frac{1}{2}$인 부분집단이 고유상태 φ_1이면 집단의 나머지가 다른 하나의 고유상태 φ_2일까? 만약 그렇다면 이것은 일반적인 확률론이다. 양자역학에서는 그렇지 않다. 확률이라는 관점에서 보면 파동함수는 '확률'의 '제곱근' 같은 것으로, 확률보다 훨씬 풍부한 정보를 갖고 있다. 통상적인 확률과 구별하기 위해 '확률진폭'이라고 부르기도 한다.

그렇다면 어떤 차이가 있을까? 2개의 파동함수 φ_1과 φ_2가 있고 각각의 파동함수가 나타내는 확률값은 각 절대값의 2제곱인 $|\varphi_1|^2$과 $|\varphi_2|^2$이라고 하자. 중첩상태의 파동함수는 '$\varphi_1 + \varphi_2$'이므로 그 확률분포는 (φ를 실수라 가정하고 설명하면)

$$|\varphi_1 + \varphi_2|^2 = |\varphi_1|^2 + |\varphi_2|^2 + 2\varphi_1 \times \varphi_2$$

이다. 만약 현상이 일반적인 확률론대로 일어나고 있다면, 각각의 독립적인 원인에 대한 합이 되므로 위 식에서 우변의 첫 2개의 항만 될 것이다. 그러나 미시세계에서는 우변의 맨 마지막 항(간섭항이라고 한다)의 값만큼 차이가 발생한다. 그런데 여기서 양자역학을 포함하는 파동현상에서는 중첩을 만들 때 가중치는 플러스 값뿐 아니라 마이너스 값이 되기도 한다(양자역학에서는 심지어 복소수가 되어버린다). 그러면 φ_2 쪽의 가중치를 마이너스로 해보자. 중첩상태는 '$\varphi_1 - \varphi_2$'이다.

그 확률은

$$|\varphi_1 - \varphi_2|^2 = |\varphi_1|^2 + |\varphi_2|^2 - 2\varphi_1 \times \varphi_2$$

가 되므로 확률이 줄어버린다. 이런 일은 일반적인 확률론에서는 일어

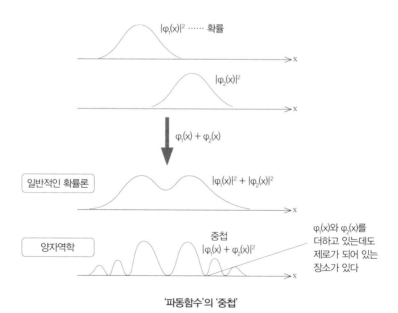

'파동함수'의 '중첩'

나지 않는다.

좌우에 두 개의 구멍이 있고 모래가 흘러나오고 있다고 가정하자. 각각 한 쪽의 구멍에서 흘러내리는 모래가 만드는 산 모양을 합한 형태는 양쪽의 구멍에서 동시에 모래를 떨어뜨렸을 때의 모래산 모양과 일치한다. 그런데 양자역학에서는 모래 대신 파동을 내보낸 것과 같은 현상이 일어난다. 만약 각 파동의 정점과 바닥이 역전해 있으면 상쇄되어 제로가 되는 경우도 있을 수 있다. 이것이 '확률진폭', 즉 중첩상태가 갖는 특성이다.

또한 파동함수 φ가 입자의 위치 함수이고 그 위치에 있는 확률진폭을 나타낸다고 해보자. 이때 그 절대값의 2제곱이 그 위치에 입자를 발견할 확률분포가 된다. 그러나 그것은 앞서 언급했듯이 일반적인 확률론에서 말하는 확률분포 이상의 정보를 포함하고 있다.

일반적인 확률분포라면 그것이 어느 시점의 확률분포를 나타내는 것으로서 이후에는 그 분포가 희미해지는 상태변화를 나타낼 뿐이다. 그것과 나르게 확률진폭은 파동현상과 유사한 시간변화를 한다. 즉 확률진폭의 절대값의 2제곱은 확률분포를 나타내고 있는데 그 확률분포는 (측정하지 않으면) 파동함수라는 이름처럼 파동으로 변화한다. 확률진폭 자신이 그 시점의 값뿐만 아니라 변화하는 방향에 대한 정보도 갖고 있는 것이다.

이것이 가능한 것은 확률진폭이 두 개의 수치 조합인 복소수로 표시되는 것이기 때문이다.

양자역학은
불완전한가?

우리가 달을 보지 않지만 달은 존재한다?

아인슈타인은 양자역학 건설에 크게 기여했으면서도 정작 완성된 양자역학에 대해서는 비판적이었다. 그러나 당시 주류 물리학자들은 그의 비판적인 태도에 냉담했다. 고독했던 그는 인도 시인 타고르에게 '달을 보고 있지 않을 때에도 달은 있을까'라고 묻기도 했다.

데이비드 머민(1935~)은 뒤에 소개할 '벨 부등식'의 해설에 힘썼던 물리학자로 〈우리는 달을 본다. 고로 달은 존재한다〉라는 논문을 썼다. 이 논문은 '달은 우리가 보고 있지 않을 때에도 존재한다'

는 '실재론'에 입각해서는 미시세계에 있어 실제 실험결과를 설명할 수 없음을 사고실험을 통해서 해설한 것이다. 그리고 '비실재론'으로 보이는 양자역학이라면 그러한 실험결과를 설명할 수 있다고 보았다.

실재론이란 입자의 성질은 우리 눈에 보이지 않더라도 이미 정해져 있다는 이론이다. 그리고 공간적으로 멀리 떨어져 있으면 서로 영향을 주고받지 않는다고 전제하는 이론은 '국소론'이라고 한다. 이 두 개의 사고를 결합한 것이 '국소실재이론'인데, 아인슈타인이 추구하던 것으로 양자역학과 정반대편에 있는 이론이다.

미시세계의 양자역학에서 눈에 보이지 않는 존재는 실재하지 않는다. 입자의 상태는 관측할 때까지는 어느 쪽의 상태로도 있을 수 있다는 '잠재'일 뿐이다('중첩상태', 실험파일 19 참조). 관측이라는 행위 혹은 관측장치와의 상호작용이 입자의 상태라는 실재를 만들어낸다. 실험파일 19에서 논한 '슈뢰딩거의 고양이'도 바로 이 기이한 세계관을 보여준 사고실험이다.

더욱이 양자역학에서는 아무리 떨어져 있는 입자 쌍이라도 이전에 상호작용한 적이 있다면 아무리 안드로메다성운까지 멀리 떨어져 있다고 해도 두 개의 입자를 별도의 존재로서 다룰 수 없다. 이것을 '양자불가분성'이라고 한다.

여하튼 양자역학은 국소실재론이 아닌 것이다.

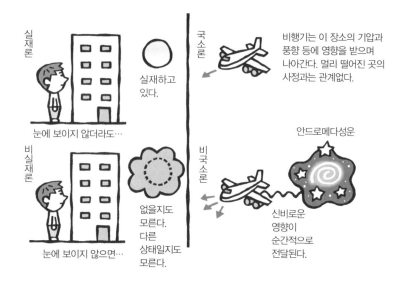

양자역학은 불완전한가? - 아인슈타인 vs 보어

왜 아인슈타인은 양자역학에 비판적이었고 세상은 어째서 그의 견해에 냉담했을까? 그 수수께끼를 풀어보도록 하자.

아인슈타인은 양자론 초창기에 빛은 불연속적인 에너지를 지닌 입자처럼 행동한다는 '광양자가설'로 '광전효과' 현상을 설명하고 (1905) 양자역학 건설에 크게 기여했다. 그 후 드 브로이가 물질파

(物質波, 1924)를 주장하고 슈뢰딩거가 주장한 파동역학(1926)과 하이젠베르크가 내놓은 행렬역학(1925)이라는 두 개의 수학 형식이 결국 같은 물리적 현상을 설명한다는 사실이 밝혀지게 된다. 또 막스 보른은 양자역학적 상태를 나타내는 파동함수가 실제 파동이 아닌 입자가 그 상태에서 발견될 확률이라는 확률해석(1926)을 내놓는다. 양자역학은 이렇듯 계속되는 성과에 힘입어 미시세계를 다루는 요리책으로서 완성되어나갔다.

그러나 양자역학적 대상인 '입자성'과 '파동성'의 이중성 문제, 물리량을 실재하는 것으로 해석할 수 있는가 하는 문제 등 양자역학의 해석과 기초 개념에 관해서는 의견이 일치될 기미가 보이지 않은 채 혼란이 가중되었다.

닐스 보어는, 과학사가 토머스 쿤이 말하는 '과학혁명'을 거쳐서 '패러다임 전환'을 성취해가고 있는 물리학이 '패러다임이라는 모범사례하의 퍼즐 풀이 활동'인 '정상과학'으로 순조롭게 이행되는 데 절대적인 지도력을 발휘했다. 보어는 자신도 양자역학을 일으키는 데 크게 공헌하였고 세계 각지의 젊은 천재 물리학자들을 코펜하겐에 있는 자신의 연구소로 불러들여 카리스마적인 영향을 끼쳤다. 그는 하루가 멀다 하고 쏟아져 나오는 양자역학의 개념적 어려움을 극복할 방법으로 '상보성 원리'를 주장했다. 이것은 '위치와 속도, 입자성과 파동성은 서로 보완적인 성질로 두 개의 성질이 동시에 나타날 수 없으며 어떤 측정을 하느냐에 따라서 어느 한 쪽의 상태가 나타난다. 따라서 두 성질이 함께 짝을 이루어 비로소 대상을 기술할 수 있다'는 것이다. 보어는 상보성 원리를 내세우며 양자역학에 관한 개념적 문제를 설명할 수 없는 것으로서 봉인하고자 했다. 물리학자들로 하여금 곤란한 문제에 골머리를 썩이지 않고 이제 막 궤도에 오른 양자역학을 활용해서 미시적인 물질세계에 관한 산적한 문제를 푸는 데 전념하게 하기 위해서였다. 상보성 원리는 1927년 이탈리아의 코모호(湖) 국제회의에서 처음으로 제안되었고 훗날 양자물리학의 주류를 이끈 '코펜하겐 해석'의 기본 원리가 되었다.

그런데 아인슈타인이 그 내용을 물고 늘어졌다. 양자역학 구축에 힘쓴 공로자들 가운데 몇몇 학자들도 완성되어가는 양자역학에 깊은 의구심을 표시했지만 아인슈타인은 양자역학의 본질이 확률적 성질(불확정성 관계)에 있다는 주장을 납득할 수 없었다. 여기서부터 보어와 아인슈타인의 본격적인 논쟁이 시작되었다.

'불확정성 관계'는 보통 양자역학 교과서에서 출발점이 되는 원리로 다루어진다. 미시세계에서는 위치와 운동량 같은 물리량이 짝을 이루고 있어 그 값을 동시에 정밀하게 측정할 수 없는데 그것은 기술적인 제한 때문이 아니라 자연계의 원리적인 한계에 기인하기 때문이라는 것이다.

아인슈타인은 불확정성 관계를 깨뜨리기 위해 여러 가지 사고실험을 내놓으며 양자역학 체제파(派)의 우두머리인 보어에게 반론을 제기했다. 1927년 9월 코모호 국제회의, 1927년 10월 제5회 소르베회의, 1930년 제6회 소르베회의가 바로 그 무대였다.

마지막 무대였던 소르베회의에서 아인슈타인은 '광자(光子) 상자 안의 시계'라는 사고실험으로 반박했지만 아이러니하게도 보어는 아인슈타인 자신이 만든 상대성이론을 이용해서 불확정성 관계가 여전히 성립된다는 것을 증명했다.

아인슈타인은 이에 굴하지 않고 그 후에도 계속해서 위치와 운동량의 불확정성 관계를 무너뜨리기 위한 사고실험을 제시했지만 번번이 보어에게 논파당했다. 아인슈타인은 논쟁에 연전연패하는 가운데서도 끝까지 납득하지 않았고 약 5년의 세월을 매달린 끝에 마침내 비장의 무기인 'EPR 역설'을 내놓게 된다.

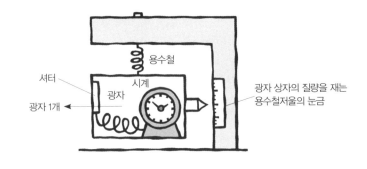

'광자 상자 안의 시계' 논쟁

EPR 역설

1935년 아인슈타인은 포돌스키, 로젠과 공동으로 〈물리적 실재
의 양자역학적 기술은 완전하다고 할 수 있을까?〉라는 논문을 《피
지컬 리뷰》지에 발표한다. 이 논문은 아인슈타인이 오랫동안 품고

있던 아이디어에 입각해서 세 사람이 토론한 것을 바탕으로 포돌스키가 작성하였는데, 여기서 다룬 사고실험이 세 저자의 이름을 딴 'EPR 역설'이다.

논문에서는 먼저, 물리학 이론이 충족시켜야 할 물리적 실재를 요구한다.

(1) 대상을 어지럽히지 않고 어떤 물리량 값을 측정할 수 있을 때, 그 물리량에 대응하는 물리적 실재의 요소가 존재한다.
(2) 물리학 이론은 물리적 실재의 모든 요소에 대응하는 부분을 갖지 않으면 안 된다.

그리고 양자역학이 이 요구를 충족하지 않는다는 것을 보이고자 한다. 논문에서는 한 개의 원천에서 방출되어 상관관계를 갖는 두 개의 입자에 대한 위치와 운동량 측정문제를 다루고 있지만 여기서는 물리학계의 이단아 데이비드 봄(1917~1992)이 알기 쉽게 고친 양자역학적 스핀 측정 사례를 간략하게 설명하기로 한다.

사고실험 Thought Experiment

두 개의 입자 A, B가 있다. 각 입자는 두 개의 값, 즉 +와 － 의 값으로만 물리량을 갖는다. 값은 둘 중 어느 한쪽만 취할 수 있다. 입자 A와 B에는 상관관계가 있어 A가 +이면 B는 - 이고, A가 - 이면 B는 +이다.

두 개의 상태를 나타내는 파동함수를 각각 $\varphi_1(A+, B-)$, $\varphi_2(A-, B+)$라고 쓰자. 그러면 두 입자계의 상태는 양자역학의 중첩 원리에 따라 다음과 같이 표시된다.

$$\varphi = \varphi_1 + \varphi_2$$

다음으로 이 상관관계를 갖는 두 입자 A, B를 각각 우주 멀리까지 떼어놓는다. 그리고 이 입자 쌍의 한쪽인 A의 값을 측정했더니 +로 나왔다고 하자. 상태는 φ_1로 정해진 셈이다. 따라서 B는 측정하지 않아도 - 임을 알게 된다. 이처럼 값이 정해지는 것을 파동함수의 '파속의 수축'이라고 한다.

그런데 여기서는 입자 A만을 측정하였고 그 측정이 멀리 떨어져 있는 입자 B의 상태에 영향을 미치지는 않는다. 즉 B를 어지럽히지 않고 B의 물리량 값을 알 수 있었다는 이야기가 된다. 그렇다면 (1)에 따라서 B의 물리량은 '실재의 요소'이다. 다시 말해서 B를 측정하지 않아도 그 물리량의 값은 측정하기 전부터 정해져 있던 것이다. A의 측정 여부와도 관계없다. 잠재가 아니라 실재이다.

314

만약 A가 +라면 B는 - 라는 실재를 원래부터 갖고 있었을 것이
고 A가 - 라면 B는 +라는 실재를 줄곧 갖고 있었던 것이다. 그
러나 A값이 어떻게 되는가는 B의 상태 여부와 상관이 없기 때
문에 B는 +와 - , 두 가지 실재를 동시에 갖는다는 이야기가 된
다. 이것은 모순이다!

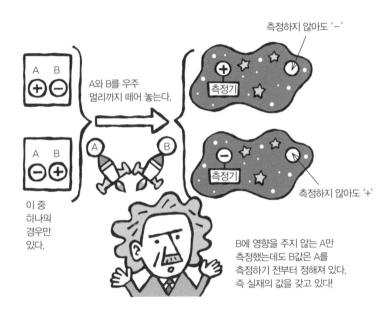

'EPR 역설'의 구조

이에 대해 보어는 완전히 똑같은 표제의 논문을 써서 반박했다.
그는 A 혹은 B, 어느 한쪽만을 측정하는 것은 성립하지 않으며, A

와 B가 일단 상호작용한 이상 떼어놓을 수 없는 일체의 물리적 계이기에 A를 측정하면 B에 대해서도 측정 조작이 가해진다고 설명했다. 이것을 '분리불가능성' 혹은 '양자불가분성'이라고 한다.

보어는, 'EPR 역설'이야말로 아인슈타인이 말하는 고전적인 물리적 실재 개념과 양자역학이 양립하지 않는 증거라고 주장하면서 EPR 논쟁을 물리쳤다.

아인슈타인이 패배하다? - 벨 부등식

이후 실재론 측의 반론으로 다양한 '숨은 변수 이론'이 비주류 물리학자들에 의해서 제시되었다. 숨은 변수 이론이란 양자역학의 본질인 확률적인 성질에 대해 어떤 변수의 성질이 있는데도 우리가 그 정체를 아직 모르기 때문에 확률적이라고 표현할 수밖에 없다는 사고방식이다. 즉 미지의 변수의 성질이 반영되어 위치 측정 등에서 확률적인 성질로 나타난다는 것이다.

반대로 '숨은 변수'가 없다면 실재성은 성립하지 않으며 EPR 역설이 주장한 바도 논리적 정당성을 잃게 된다.

그런데 1964년에 CERN(유럽원자핵공동연구소)의 이론 물리학자인 존 스튜어트 벨(1928~1990)이 아인슈타인의 의문에 흑백을 가릴 수 있다고 주장하며 '벨 부등식'을 제안했다(《아인슈타인-포돌스키-로젠의 역설에 관해서》).

벨은, 실재론에 의거한 '숨은 변수'가 있고 그것이 국소적인 성질을 갖는다면 이론의 구체적인 내용이 어떻든지 성립해야 하는 부등식을 이끌어냈다. 그런데 그 상황을 양자역학적으로 계산하면 '벨 부등식'이 성립하지 않는 경우가 있었다. 국소적 숨은 변수이론의 예측과 양자역학의 예측이 부합하지 않는 것이다. 따라서 그 상황을 실험해서 벨 부등식이 성립하지 않는 결과가 나오면 국소적 숨은 변수이론이 틀렸다고 결론지을 수 있게 되었다. 이렇게 해서 '실증할 방법이 없는 관념적이고 비생산적인 논의'라는 비판을 받아온 아인슈타인의 의문이 벨 부등식에 의해 실증 가능하게 된 것이다.

머민의 사고실험

벨 부등식은 다양한 형태의 실험으로 다루어졌는데 여기서는 머민이 제시한 사고실험(1981)을 살펴보기로 하자.

사고실험 Thought Experiment

한 가운데에 입자 쌍을 좌우로 방출하는 상자가 있다. 상자의 오른쪽과 왼쪽에는 각각 방출된 입자를 측정하는 장치가 있다. 이것이 사고실험의 무대이다.

좌우의 장치는 동일하며 전환레버와 1, 2, 3의 눈금이 매겨져 있다. 스위치는 중앙에서 입자가 방출될 때마다 무작위로 전환된다. 그리고 장치가 입자의 성질을 측정하면 측정 결과가 표시된다. 그 결과는 두 개의 값만을 취해 녹색(G)과 적색(R)으로 무작위하게 표시된다.

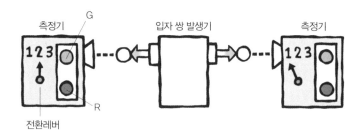

실험결과는 아래와 같다(※왼쪽 레버, 오른쪽 레버, 왼쪽 램프, 오른쪽 램프의 순이다)

12RG	11GG	12GG	21RG	13GR	21GG	32RG	21GR	23GR	13RG
11RR	13GR	12RG	33RR	13RG	32GR	22GG	12RR	13GR	11RR
33RR	11GG	12GR	23RG	32RG	12GR	13GR	21RG	21RG	11GG
33GG	32GR	31RR	11GG	23RG	13RR	22GG	33GG	33GG	12RG
23RG	13RG	13GR	11GG	32GR	13RG	21GG	13RG	33GG	31GG
32RR	21RG	21RR	22RR	21RR ……					

318

이 결과의 특징을 다음과 같이 정리할 수 있다.

(1) R과 G의 비율은 거의 같다.

(2) 좌우의 두 측정 장치에서 램프 색과 레버 번호는 뚜렷한 연
관이 없고 무작위다.

(3) 좌우의 레버 번호가 같을 때에는 좌우의 램프 색도 같아서
완전한 상관관계를 이룬다.

완전한 상관관계의 조작은 어떻게 나타나는지 고찰해보자. 단,
입자와 입자 사이나 두 개의 측정기 사이에 초광속통신은 일어날
수 없다고 한다. 이것은 '국소이론'이다. 그리고 측정되는 입자 자
신만이 측정 결과를 좌우하고 그 성질은 언제나 입자가 계속 갖는
다고 한다. 즉 실재론이다. 국소실재론을 구성하는 이 두 가지 요건
이 사고실험의 규칙이다.

위 규칙을 충족시키는 방법으로서, 중앙에서 입자 쌍이 방출될 때
각각의 입자에게 측정 장치 안의 몇 번 레버로 측정되면 어떤 색 램
프에 불이 켜지게 한다는 지령이 내려졌다고 해보자. 측정되기 전부
터 이미 측정되면 어떠어떠하다는 특정의 성질을 갖고 있는 것이다.
지령은 입자가 갖고 있으므로 이것은 '국소실재이론'에 해당된다.

방출되는 입자 쌍마다 달라도 되지만 $1 \rightarrow G, 2 \rightarrow R, 3 \rightarrow G$처

럼 동일한 지령이 좌우 두 개의 입자에 모두 짜여 있다면 (3)의 조
건을 충족하여 완전한 상관관계를 이룬다. (1)과 (2)의 조건도 충족
시키려면 아래 그림처럼 8가지 경우의 지령을 동등한 비율로 무작
위하게 조합하면 실험결과를 재현할 수 있지 않을까?

	①	②	③	④	⑤	⑥	⑦	⑧
1	G	G	G	G	R	R	R	R
2	R	R	G	G	R	R	G	G
3	G	R	G	R	G	R	G	R

그런데 이것으로는 재현되지 않는다. 머민장치의 실험결과에서
레버 번호가 일치하지 않아도 램프 색이 일치하는 경우가 있는데,
(1)처럼 램프 색이 일치하는 비율은 레버가 일치하는 경우와 일치
하지 않는 경우를 합한 전체의 1/2이 되어야 한다(램프의 색이 일치할
때와 일치하지 않을 때가 반반이다).

지령 방식에서는 8가지 경우 중 어느 것을 채용하든지 좌우 레버
의 9가지 경우의 수의 조합(321페이지의 그림)에서 램프 색이 같아지
는 비율은 1/2보다 커진다(모든 경우를 적어서 시험해보라). 결국 머민실
험의 결과인 1/2이라는 비율은 국소실재이론의 규칙에서는 재현되
지 않는다.

머민실험의 결과는 실제로 전자스핀을 측정할 때 얻을 수 있다.

레버 1, 2, 3은 각각 120° 씩 회전시킨 세 개의 방향으로 스핀 측정 장치의 방향을 향하게 하는 것에 해당된다. 램프의 녹색과 적색은 측정 방향에 대해 스핀이 $\frac{1}{2}$ 혹은 $-\frac{1}{2}$ 인 결과를 가리킨다. 양자역학이라면 머민실험의 결과를 완전하게 재현할 수 있다.

	左	右
①	1	1
②	1	2
③	1	3
④	2	1
⑤	2	2
⑥	2	3
⑦	3	1
⑧	3	2
⑨	3	3

국소실재론으로는 머민실험이 설명되지 않는다는 사실을 벨 부등식이 보여주고 있는 것이다.

사고실험에서 현실의 실험으로

벨 부등식은 1970년대부터 문제시되기 시작하였으나 마침내 미시세계를 국소실재이론에서도 설명할 수 있는지 혹은 양자역학이 맞고 국소실재이론이 틀렸는지를 실험으로 검증할 수 있는 시대가 되었다.

1982년 프랑스 물리학자 알랭 아스페는 벨 부등식의 일종인 CHSH 부등식이 오류임을, 칼슘원자의 캐스케이드 2광자 방출현상에 의한 광자(光子) 쌍으로 검증했다. 즉 양자역학이 옳았음을 입증한 것이다.

결국 아인슈타인이 틀렸으며 양자역학은 완전했다고 말하는 사람들도 있지만 과연 정말 그렇다고 단언할 수 있을지는 의문스럽다.

아인슈타인이 광전효과의 광양자설을 내놓고 양자역학 이론을 세우는 데 기여한 바 못지않게 양자역학에 맞서 날선 비판을 계속했기에 오히려 양자역학이 발전하는 데 커다란 영향을 끼쳤다고 볼 수 있지 않을까?

20세기말부터 21세기에 들어와서 양자통신, 양자계산, 양자암호, 양자 텔레포테이션 등 첨단기술 분야에서는 EPR상태(양자얽힘상태)라든지 EPR페어라는 용어도 쓰이고 있다.

양자역학의 시초인 막스 플랑크(1858~1947)의 양자론이 19세기 철강 산업의 요청으로 탄생하여 20세기 초 패러다임 전환을 불러일으키는 영웅시대가 도래했듯이 21세기인 현대에도 첨단기술로부터 새로운 영웅시대가 탄생하기를 기대해본다.

양자역학 건설에 중요한 기여를 한 물리학자 중에서도 여러 사람들이, 양자역학이 비록 현실 세계의 사건사실을 잘 설명할 수 있다 해도 불완전한 이론이라면서 받아들이기 어렵다고 생각했다. 그들은 '중첩 원리'와 '불확정성 관계', 그리고 '파속의 수축' 같은 개념에 대해서 여러 가지 사고실험을 제안하며 양자역학을 재검토하도록 압박을 가했다. 그런 가운데서 아인슈타인은 양자역학이 기존 물리학의 관점인 실재론에 맞지 않는 것에 대해 'EPR 역설'로 문제제기를 했다.

눈에 보이지 않을 때 물질은 명확한 물리량을 갖고 있지 않을지도 모른다. 물질의 상태는 그 물질의 무엇을 보느냐에 따라 달라질 수 있다. 그렇듯이 양자역학의 전통적인 해석에 따르면 물체는 측정하기 전에는 정해진 물리량을 갖지 않는다. 이에 맞서 아인슈타인은, 물리량은 멀리 떨어진 물체로부터는 영향 받지 않는다는 국소이론과 실재론을 조합한 사고실험으로써 양자역학이 미시세계를 상황 의존적으로 기술한다고 논박하고자 한 것이었다.

먼저 바람피우기 사고실험부터

본문에서는 여러 가지 사고실험을 살펴보았다. 물리학, 확률론, 실증방법론과 정치철학, 인공지능, 심리철학 등 다방면에 걸친 것이었다.

한마디로 사고실험이라고 해도 그 목적이나 방법은 천차만별이다. 자신의 신념을 주장하고자 상대의 가설에서 출발하여 모순을 이끌어낸 다음 상대로 하여금 그 가설을 포기하게 하는 사고실험, 어떤 이론을 구축할 때나 만들어진 이론이 타당한지 고찰할 때 극한 상황을 설정해서 이론이 충족시켜야 하는 조건이나 지도 원리를 알아내기 위한 사고실험, 인간이 어떤 개념에 대해 무의식적으로 인지하고 있는 의미를 규명하고자 하는 사고실험, '모든 어떠어떠한 것에 대해서 성립한다'는 형식의 일반적인 법칙에 대한 사고실험 등.

실은 우리 주위의 문제도 실행에 옮기지 않는 이상 거의 모든 추론이 사고실험이라고 할 수 있다. 예컨대 이런 상황을 상상해보자.

당신이 바람을 피운다고 가정해보자. 오늘은 오랜 연인과 저녁 식사를 같이 하기로 약속했지만 새로운 상대와 멋진 레스토랑에서 데이트를 하고 말았다. 우아한 디너를 즐기며 즐거운 시간을 보낸 뒤 잔뜩 화가 난 연인을 만나러 가는 길이다. 이때 대개는 변명거리를 생각한다. 가장 쉬운 방법은 상담이 길어졌다든지 일에 문제가 생겼다면서 업무 핑계를 대는 것이다.

당신은 다른 상대와 데이트한 사실을 들키지 않으려고 이리저리 주도면밀하게 변명을 준비하지만 상대도 좀처럼 물러서질 않는다. 당신이 구실을 댈수록 상대는 유도심문으로 좁혀오고 결국 상대의 페이스에 완전히 말려든다. 사소한 모순에서 재앙이 싹트기 시작하더니 급기야 변명의 여지가 없는 모순이 드러나 결국 들키고 말았다.

당신의 설명이 이치에 맞는지 그렇지 않은지, 당신의 연인이 사고실험을 하고 있는 상황이라고 할 수 있다. 말하자면 이것은 갈릴레이의 귀류법에 의한 사고실험 유형이다.

근원을 다시 물어라!

사고실험이 모두 상대의 주장을 논파하기만 하는 것은 아니다. 아인슈타인의 사고실험 중 양자역학에 관한 사고실험은 상대 주장의 애매모호한 점을 날카롭게 지적한 것이었지만 상대성이론에 관한 사고실험은 이론을 세우는 데 있어 기본 원리를 확립하기 위한 것이었다. 무엇이 중요한가를 밝히려고 한 것이다.

'머리말'에서도 이야기했듯이 시뮬레이션에서는 현실의 규칙 자체, 혹은 그 규칙의 파라미터나 규모를 바꾸어가면서 계산(혹은 모의실험)을 행한다. 그리고 계산된 결과로부터 일어나리라는 현상을 예측하는 것이 시뮬레이션의 목적이다. 물론 시뮬레이션의 결과와 실제 현상의 차이를 관찰해서 시뮬레이션에 사용한 규칙의 타당성을 판단하는 경우도 있지만 규칙 자체가 갖고 있는 의미와 의의, 세계관 따위를 고찰하는 것은 아니다.

한편 사고실험에서는 극단적인 조건과 규칙을 상황과 등장인물에게 부여한다. 대개 국소적이고 미시적이거나 혹은 그 반대로 기본적이고 근원적인 규칙을 설정한다. 거기서부터 추론을 시작해서 어떠한 포괄적이고 거시적인 현상이 귀결되는지를 관찰한다. 이렇게 하면 많은 경우에는 단순히 규칙의 사소한 차이에만 그치지 않는 발전적 창의라고 할 만한, 훨씬 보편적인 성질을 발견하게 된다.

사고실험의 결과를 토대로 당초 설정한 규칙과 조건을 체크한 다음 다시 그 규칙과 조건을 바꾸어 실험하는 과정을 되풀이하면서 기본 원리의 타당성을 연구할 수 있는 것이다.

상대성이론이 전복되다?

사고실험은 복잡한 계산이나 지엽적인 사정을 검토 대상에 제외하고 싶을 때 이용된다고 볼 수도 있지만 오히려 설정하는 규칙의 본질을 확실하게 파헤치기 위해 단순화하는 것이라고 할 수 있다. 이런 유형의 알기 쉬운 예로 '시간여행의 사고실험'을 살펴보도록 하자.

그 전에 잠깐 여담을 하나 소개하자면 2011년에 '아인슈타인의 특수상대성이론에 수정이 필요한가?'라는 견해에 힘부뇌는 실험 결과가 보고된 적이 있다. 그것은 뉴트리노라는 소립자가 빛보다 빠르게 운동한다는 내용이었는데 당시 발표되자마자 뉴트리노를 이용해서 타임머신을 만들 수 있지 않을까 하는 이야기가 세간에 오르내렸다. 하지만 나중에 가서는 이를 발표한 연구진이 실험의 오류를 인정함으로써 해프닝으로 끝나고 말았다.

뉴트리노는 물질입자와 거의 상호작용하지 않는 입자이다. 본문에 다루었듯이 아인슈타인의 특수상대성이론은 광속도 불변의 원리를 기본 조건으로 성립된 이론이다. 관측자가 어느 위치에서 바라보든 빛은 속도가 일정하다. 그리고 질량이 있는 입자는 광속 이하로 운동하고 아무리 가속해도 광속에는 도달할 수 없다.

수학 이론적으로는 광속보다 빠르게 운동하는 입자를 상정할 수 있는데 이를 타키온이라고 한다. 다만 그 질량은 순허수이다. 광속이 최대속도로 되어 있는 현대 물리학에서 만약 타키온이 실제로 존재한다면 특수상대성이론의 대전제가 무너지게 되는 셈이다.

여하튼 예로부터 있어온 시간여행에 관한 다양한 논의가 뉴트리노 실험 결과를 계기로 새삼 되살아나 떠들썩하게 한 것이다.

시간여행의 사고실험에 도전!

빛보다 빠른 타키온이 존재하면 시간여행이 가능하다는 이야기는 오래 전부터 있었다. 타키온이 아니더라도 특수상대성이론이 말하는 '운동하는 물체의 시간 지연'을 이용하면 미래에는 약간의 시간여행이 가능하다. 이른바 '우라시마 효과(시간의 상대성을 설명하는 "쌍둥이의 역설"이 일본의 우라시마 타로 설화와 비슷하다는 데 착안하여 명명한 일본의 용어 - 역자)'이다.

타키온은 시간을 과거로 진행하는 입자라고 하기도 한다. 광속도에 가까운 속도로 서로 지나치는 기차 사이에 타키온을 사용한 통신으로 정보를 제대로 주고받는다면 운동하는 물체의 시간 지연 효과에 의해 미래로부터 정보를 얻게 되는 셈이기 때문이다. 또 타키온은 아니지만, 이십 년쯤 전에 권위 있는 우주과학자가 웜홀(블랙홀과 화이트홀을 연결하는 특수한 시공간의 통로로 공상과학물에 등장한다. 웜홀을 통해서 아득히 먼 우주로 워프이동을 할 수 있다)과 강한 중력장을 이용하면 타임머신을 만들 수 있다고 주장하는 논문을 발표하여 세상을 떠들썩하게 했다.

난해한 이야기는 접어두고 시간여행에 관한 사고실험으로부터 물리학이론이 만족시켜야 할 성질은 무엇이며 인과(因果)란 무엇인가를 연구할 때 지침으로 얻을 만한 것은 무엇인지 한번 생각해보기로 하자. 가장 먼저 소개할 내용은 우리가 익히 알고 있는 '친부살해 역설'이라고 일컫는 시간여행 역설이다.

사고실험 Thought Experiment

당신은 타임머신을 타고 과거 세계로 갔다. 그곳에서 당신은 젊은 시절의 부모를 만났는데 미래의 부모가 될 두 연인 사이를 틀어지게 하더니 급기야 갈라놓는 지경에까지 빠뜨리고 말았다. 이대로 가면 당신은 이 세상에 태어나지 않을 테니 당신이 살고 있는 미래 세계에 당신은 없다. 즉 과거로 시간여행한 당신도 없는 것이 되니 모순이 발생한다. 당신은 부모가 헤어지는 순간 사라지게 될까? 물론 당신은 그런 사태를 피하기 위해 당신의 부모가 될 두 사람을 화해시키려고 무진장 애쓸 것이다.

이런 이야기도 있다.

사고실험 Thought Experiment

현재 세계에 살고 있는 당신은 미래 세계로부터 보내진 타임머신을 우연히 손에 넣고서 '내 발명품'이라고 발표하여 큰 부자가 되었다. 그런데 어느 날 타임머신을 가만히 들여다보니 당신의 이름이 발명자로 새겨져 있다. 그러나 당신은 타임머신이 어떤 원리로 작동하는지 전혀 모른다. 과연 누가 타임머신의 원리를 발명했을까?

공상과학물에서는 대개 이런 모순을 피하기 위해서 '당신이 태어난 세계의 역사가 온전히 유지되도록 과거 세계에서 행동해야 한다'는 윤리 규정이 있다든지, 원리적으로 과거 세계에는 영향을 미칠 수 없다든지, 역사를 뒤바꿀만한 행위는 불가능하다는 식으로 설정되어 있다. 자신의 존재를 스스로 알리는 행위를 했을 때는 특히 큰 문제가 발생한다. 하지만 근간을 흔드는 개변이 아닌 경우에는 원래 살았던 미래 세계로 돌아가 보면 시간여행하기 전과는 상황이 달라진 정도만으로 끝나기도 한다.

어쨌든 공상과학물에서는 설명이 애매모호하게 되어 있을 뿐이고 끝까지 집요하게 파헤치지는 않는데 이런 문제를 해결하기 위한 선택지를 몇 가지 생각해볼 수 있다.

① 사고실험에서 이런 모순이 따르기 때문에 모순을 유발하는 원인인 시간여행은 어떤 방법으로든 불가능하다. 시간여행을 할 수 없도록 모든 이론이 만들어져야 한다. 이것을 지도 원리로 삼는다는 선택지를 먼저 생각할 수 있다.

② 한편 시간여행이 가능하다면 어떨까? 이 세계에 사유의사란 없으며 모든 것이 기계적으로 정해져 있다면 과거로 간다 해도 정해진 대로 상황이 전개될 뿐이므로 역사가 뒤바뀌는 일 따위는 일어날 리 없게 된다.

③ 자유의사가 있다고 인정한 다음 자신의 존재를 지우게 되는 모순을 피하고자 하는 사고방식도 있다. 그것은 세계가 나뉘어 갈라져서 각각의 방향으로 역사가 전개된다는 관점이다.

양자역학에도 다세계해석이라는 방식이 있었다. 이 관점에 따르면 부모의 이별로 말미암아 당신이 태어나지 않게 되는 세계와 당신이 태어나서 미래로부터 과거로 시간여행을 하는 세계는 나뉘어 갈라진다. 단, 당신이 과거에서의 여행을 마치고 원래 있던 미래 세계로 돌아갔을 때 어느 쪽의 세계로 돌아가느냐 하는 문제가 발생한다. 당신이 과거 세계에 수정을 가해 다른 세계로 전개되고 있는 원래의 세계인가, 아니면 당신 자신이 바뀌어서 당신이 태어나지 않은 세계인가?

이렇게 해서 사고실험의 세계는 계속해서 바뀌어나간다. 우리는 물리학이론이 만족시켜야 할 성질을 검토하는 데서 출발하여 원인과 결과란 무엇인가, 시간이란 무엇인가 하는 철학적 문제의 세계로 나아가게 된다.

사고실험의 무대는 다양하다

우리가 어떤 윤리적 판단 기준이나 마음의 관점에서 행동하고 느끼는가를 탐구하는 사고실험에서는 예컨대 다음과 같은 문제가 있다.

만약이라는 가정 아래서의 이야기이다. 진심으로 사랑하는 연인이 마법에 걸려 개구리로 변해버려도 당신은 사랑할 수 있을까? 좀 더 현실적인 상황을 상상해보자. 당신에게는 둘도 없이 소중한 연인이 있다. 그 사람이 사고를 당해 겉모습이 전혀 다른 사람이 되어버렸다. 뇌에도 장애가 생겨 성격도 싹 바뀌고 신체능력도 완전히 떨어졌다. 심지어 둘만의 소중한 추억도 더 이상 기억하지 못한다. 그럴 때 당신은 그 사람을 여전히 믿으며 더할 나위 없이 소중한 사람이라고 실감할 수 있을까?

여러 가지 상황을 설정해서 사고실험을 해보기 바란다. 실제로는 일어날 것 같지 않은 확률이 매우 낮은 사고가 일어난다든지 어떤 미친 과학자가 등장하는 공상과학물처럼 상황을 실정해도 좋다.

예컨대 기계에 기억과 성격의 모든 것을 이식하고서 원래의 육체는 없어졌다고 상상해보자. 기억을 이식받은 기계가 연인이라고 인정할 수 있을까? 어떤 모습으로 변하든 그 사람일까? 아무리 능력이 떨어지고 과거에 대한 기억이 희미해도 연인은 연인인 것일까?

어쩌면 당신의 연인은 바로 당신의 마음속에 존재하는 것이고 현실 세계의 육체와 인격이 아닐 수도 있다. 당신 마음속의 존재가 현실 세계의 육체에 투사되어 있는 것이다. 그렇다면 연인의 겉모습과 기억, 성격, 능력 등이 물리적 세계에서 변해버렸더라도 당신은 그 존재에게 마음 속 연인을 계속 투영시킬 수 있을지도 모른다.

혹은 당신의 마음속 연인과 투영되는 물리적 세계의 연인 사이에 괴리가 작으면 상관없지만 커지면 진정한 그가 아니라고 여길 수도 있다. 반대로 말하자면 복제인간이나 기계에 이식된 인격체라도 투영된 인격이 낯설게 느껴지지 않는다면 원래의 그 사람이라고 생각할 수도 있다.

이처럼 사고실험의 무대는 변화무쌍하며 다양하다. 거기서 당신은 자신이 인격 동일성의 판단기준으로서 무엇을 중시하는지 탐구할 수 있다. 그 결과 당신도 미처 모르고 있던 깊은 내면의 본심을 깨닫게 될지 모른다.

당신도 사고실험을 해보자!

주위에 흔히 일어나는 사건이나 막연히 궁금해 하고 있던 사항도 이처럼 사고실험의 소재가 될 수 있다.

역사에 '만약'이란 없다고 한다. 그러나 역사 속 등장인물이 원래와 다르게 선택했다든지 당시의 배경 상황이 달랐다면 이후의 역사가 어떻게 흘러갔을까를 더듬어보는 것은 흥미롭지만 단순히 재미있기만 한 것은 아니다. 한 인간이 할 수 있는 경험의 폭은 아주 적다. 그렇기 때문에 인간은 미래를 위해 문학과 역사로부터 배우려고 하는데 이것이 바로 사고실험이다. 개인적인 차원의 지침뿐만이 아니다. 어떤 과학기술을 수용해야 할 것인가, 우리의 미래 사회는 무엇을 우선으로 영위되어야 하는가 하는 사회적 합의에 관해 고찰할 때에도 먼저 사고실험을 해보는 것이 중요하다.

그때 세부적인 추론의 옳고 그름을 따지거나 사고실험을 설정하는 데 있어 사실관계를 수정하는 일 따위는 전문가가 얼마든지 해주기 때문에 예민해질 필요는 없다. 다른 사람이 하는 이야기를 그대로 받아들이지 않고 일반적으로 당연하게 여기는 근원적인 원리에도 주목해서, 여러분 한 사람 한 사람이 담대하게 사고실험을 해볼 것을 권한다.

* * *

끝으로 이 책은 가가쿠도진의 고토 미나미 씨가 제안한 기획에서 시작되었다. 책을 좀 더 알기 쉽게 만들기 위해 원고를 집필하는 동안 고토 씨에게 여러 가지 조언을 들으며 정말 많은 도움을 받았다. 물론 내용에 대한 책임은 전적으로 필자에게 있다. 또 원고를 가장 먼저 읽고 의견을 들려준 아내에게도 고마움을 전한다.

INDEX

사고실험 색인

336

인명 색인

학문의 상식을 뒤흔든 사고실험

두뇌는 최강의 실험실

초판 1쇄 발행 2016년 11월 24일
초판 3쇄 발행 2017년 11월 22일

지은이 신바 유타카
옮긴이 홍주영

발행인 양문형
펴낸곳 글레마
등록번호 제313-2008-31호
주소 서울시 종로구 대학로 14길 21 (혜화동) 민재빌딩 4층
전화 02-3142-2887   팩스 02-3142-4006
이메일 yhtak@clema.co.kr

ISBN 978-89-94081-66-3 (03400)

• 값은 뒤표지에 표기되어 있습니다.
• 제본이나 인쇄가 잘못된 책은 바꿔드립니다.

이 도서의 국립중앙도서관 출판예정도서목록(CIP)은 서지정보유통지원시스템
홈페이지(http://seoji.nl.go.kr)와 국가자료공동목록시스템(http://www.nl.go.kr/kolisnet)에서
이용하실 수 있습니다.(CIP제어번호: CIP2016025329)